目　录

第1章 概　　述

在落实建设节约型社会的基本国策时，我国政府提出节能减排的具体目标，并列出我国当前的能耗大户：建筑能耗、工业能耗、交通能耗。

建筑高能耗的问题无疑是与高速发展的国家经济不协调。能源使用效率低下，造成能源的过度开采和浪费，它不但加重了国家能源负担，而且已经成为我国经济发展的软肋。同时，建筑高能耗还造成了空气污染、粉尘排放等环境问题。因此，加强建筑节能工作不仅是经济建设的需要，更是社会发展必须要解决的重大问题，是一项重要的、刻不容缓的工作。因此，在建设行业持续地实施建筑节能是行业的责任。

1.1 我国建筑能耗状况

1.1.1 我国城镇化进程

近年来，我国经济社会高速发展，大量的农村人口进入城市，追求一种全新的生活方式，随之能源消耗指标和种类也发生了很大的变化——我们的碳足迹变了。据国家统计局报告，2014年我国城镇化率达到55%，城镇人口达到7.5亿，城镇居民户数达到2.64亿户，相应地农村人口降到6.2亿，农村居民户数降低到1.60亿户。近20年城乡人口变化情况如表1-1所示，特别是进入21世纪后城镇化速率更快，我国城镇化率变化如图1-1所示。

表1-1 我国逐年人口数及构成（1994～2015年）　　（单位：万人）

年份	总人口（年末）	城镇		乡村	
		人口数	比重（%）	人口数	比重（%）
1994	119850	34169	28.51	85681	71.49
1995	121121	35174	29.04	85947	70.96
1996	122389	37304	30.48	85085	69.52
1997	123626	39449	31.91	84177	68.09
1998	124761	41608	33.35	83153	66.65
1999	125786	43748	34.87	82038	65.22
2000	126743	45906	36.22	80837	63.78
2001	127627	48064	37.66	79563	62.34
2002	128453	50212	39.09	78241	60.91
2003	129227	52376	40.53	76851	59.47
2004	129988	54283	41.76	75705	58.24

续表

年份	总人口（年末）	城镇		乡村	
		人口数	比重（%）	人口数	比重（%）
2005	130756	56212	42.99	74544	57.01
2006	131448	58288	44.34	73160	55.66
2007	132129	60633	45.89	71496	54.11
2008	132802	62403	46.99	70399	53.01
2009	133450	64512	48.34	68938	51.66
2010	134091	66978	49.95	67113	50.05
2011	134735	69079	51.27	65656	48.73
2012	135404	71182	52.57	64222	47.43
2013	136072	73111	53.73	62961	46.27
2014	136782	74916	54.77	61866	45.23
2015	137462	77116	56.10	60346	43.90

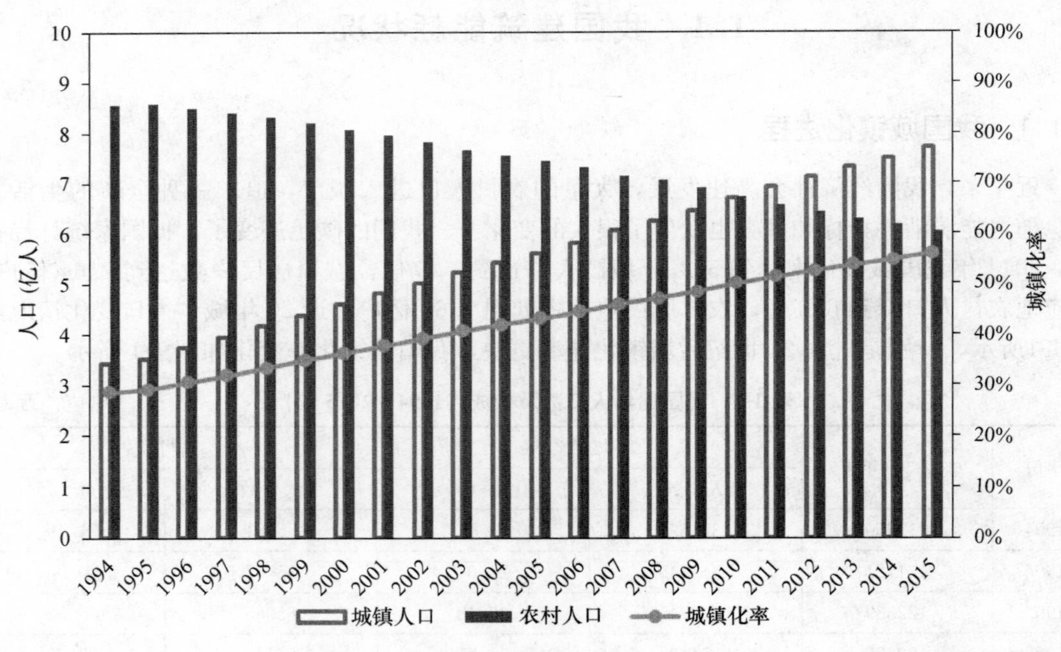

图 1-1　我国城镇化情况（1994～2015 年）

1.1.2　建筑规模概况

快速城镇化必然带来建筑业的持续增长，建筑规模不断扩大。从 2001 年到 2014 年，每年的城乡建筑面积均超过 15 亿 m^2，2014 年新建筑竣工面积达到 28.9 亿 m^2，2015 年新建筑竣工面积达到 42.1 亿 m^2。逐年增长的竣工面积使得我国存量建筑面积不断高速增长，2014 年达到 561 亿 m^2，2015 年达到 603 亿 m^2（图中未示意）。如图 1-2 所示。

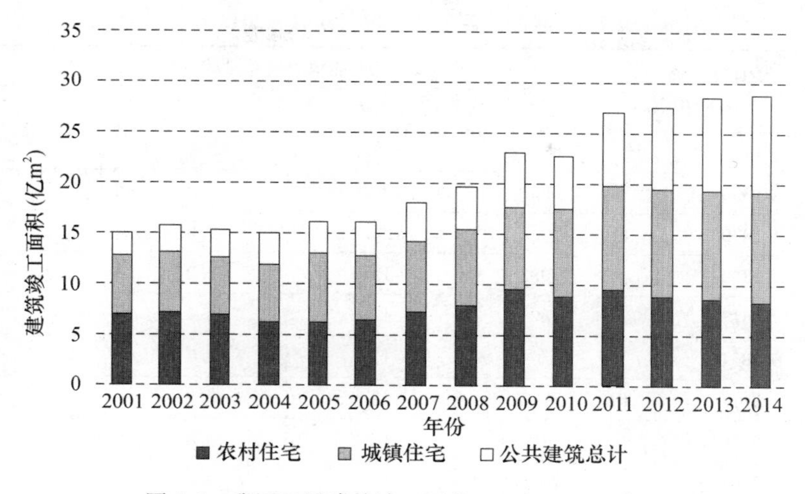

图 1-2　我国民用建筑竣工面积（2001～2014 年）

1.1.3　我国能源概况

前文介绍了我国城镇化进程和建筑业概况，这些建筑在建造和使用过程中要消耗能源，那么我们先来看看我国能源供应和消费概况，分别如表 1-2 和表 1-3 所示。

表 1-2　我国能源生产情况（2001～2015 年）

年份	资源生产总量（万 tce）	占能源生产总量的比重（%）			
		原煤	原油	天然气	一次电力及其他能源
2001	147425	72.6	15.9	2.7	8.8
2002	156277	73.1	15.3	2.8	8.8
2003	178299	75.7	13.6	2.6	8.1
2004	206108	76.7	12.2	2.7	8.4
2005	229037	77.4	11.3	2.9	8.4
2006	244763	77.5	10.8	3.2	8.5
2007	264173	77.8	10.1	3.5	8.6
2008	277419	76.8	9.8	3.9	9.5
2009	286092	76.8	9.4	4.0	9.8
2010	312125	76.2	9.3	4.1	10.4
2011	340178	77.8	8.5	4.1	9.6
2012	351041	76.2	8.5	4.1	11.2
2013	358784	75.4	8.4	4.4	11.8
2014	361866	73.6	8.4	4.7	13.3
2015	362000	72.1	8.5	4.9	14.5

表 1-3 我国能源消费情况（2001～2015 年）

年份	资源消费总量（万 tce）	占能源消费总量的比重（%）			
		煤炭	石油	天然气	一次电力及其他能源
2001	155547	68.0	21.2	2.4	8.4
2002	169577	68.5	21.0	2.3	8.2
2003	197083	70.2	20.1	2.3	7.4
2004	230281	70.2	19.9	2.3	7.6
2005	261369	72.4	17.8	2.4	7.4
2006	286467	72.4	17.5	2.7	7.4
2007	311442	72.5	17.0	3.0	7.5
2008	320611	71.5	16.7	3.4	8.4
2009	336126	71.6	16.4	3.5	8.5
2010	360648	69.2	17.4	4.0	9.4
2011	387043	70.2	16.8	4.6	8.4
2012	402138	68.5	17.0	4.8	9.7
2013	416913	67.4	17.1	5.3	10.2
2014	425806	65.6	17.4	5.7	11.3
2015	430000	64.0	18.1	5.9	12.0

表中显示，我国的能源结构中仍然以煤炭为主，占到总量的 60%以上，大量的煤炭在使用过程中消耗掉，由此引起碳排放量增加及空气污染等环境问题。可喜的是在各界不断努力下煤炭用量在逐年下降！

至 2014 年我国能源消费总量为 425806 万吨标准煤，进口量 77325 万吨标准煤，出口量 8271 万吨标准煤。

1.1.4 建筑用能情况

我国建筑量大面广，每年消耗大量的能源。因为统计口径不同，各位研究者和各部门发布的建筑能耗数据不同，并且差异较大。中国建筑业协会建筑节能专业委员会涂逢祥认为，2000 年我国建筑能源消费达到 3.50 亿 tce，占比为 27.5%，并预计到 2020 年建筑能源消费总量将达到 10.89 亿 tce。清华大学建筑节能研究中心江亿等人通过建立中国建筑能耗模型计算出，2006 年我国建筑总能源消费为 5.63 亿 tce，占比为 23.1%。中国能源研究会研究员王庆一通过计算得出 2005 年我国建筑总能耗为 5.52 亿 tce，占比为 34.0%。同济大学龙惟定分析认为，我国建筑能耗在总能耗中的比例大致在 20%左右，进而得出 2003 年我国建筑使用能耗为 3.30 亿 tce。我国住房和城乡建设部指出建筑能耗占比为 27.5%，但并未明确给出建筑能耗总量。这也使得 27.5%这个数据在行业内外被广泛地反复引用，而少有人去细究其范围和明确的意义。

主要原因有以下几个方面：（1）对建筑能耗概念的理解不同，统计边界不同；（2）建筑能耗占能源消费总量的比重认识不一致；（3）对建筑能耗的计算方法（模型）存在差异。

建筑能耗一般理解上是建筑物运行能耗，也就是建筑物建成投入使用后，为了维持适于人们工作生活的室内环境而耗费的能源，主要是照明、采暖、空调、电器等用能。另一种建筑能耗被称作广义的建筑能耗，即不仅包括建筑运行阶段消耗的能源，还考察建筑材料生产过程中能耗，各类型的建筑项目和交通运输、环保水力、能源动力等基础设施项目，以及建筑施工、建筑拆除各个阶段所消耗的能源。

广义的建筑能耗如图 1-3 所示

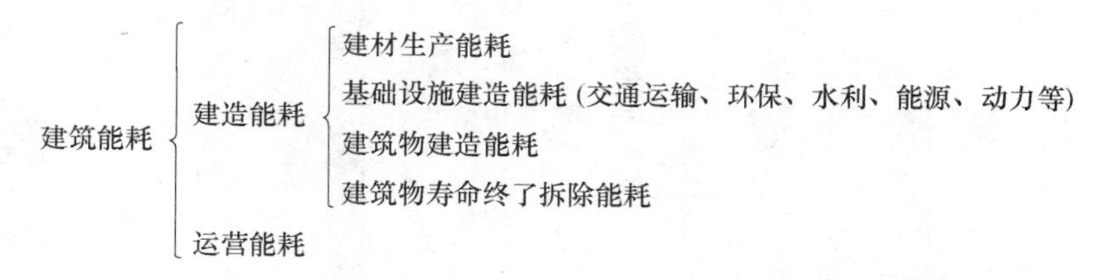

图 1-3　广义建筑能耗构成

我们现在出台的建筑节能政策、技术标准等所指的建筑能耗都是指建筑运行能耗，其中大部分是采暖空调能耗。

建筑能耗占能源总量的比重也有几种算法，对建筑能耗所占比重也存在不同说法。一种是将全国能源消费总量作为总体来计算建筑能耗的比重；一种则是计算建筑能耗在全社会终端能源消费总量中的占比。显然，这两种方法计算出的建筑能耗比例之间必定存在着差异。目前国外主流的研究是关注建筑能耗占全社会终端能源消费总量的比例。

目前国际上计算建筑能耗的基本思路是通过建立能耗模型，运用可获得的数据信息，对国家或地区建筑能源消费总量进行评估。这些模型或方法大体上可分为两类：自上而下型（Top-down）和自下而上型（Bottom-up）。自上而下的方法主要从整体上来考察能源部门和宏观经济的相互作用，对个体的终端能源消费不加区分，自上而下的估算方法只需要利用易获得的汇总经济数据及历史能源消费情况，便可计算出特定年份某一国家或地区的建筑能源消费总量。自上而下模型的一个主要缺陷是对于历史数据的依赖，缺乏对非连续性的技术进步的模型刻画，不能识别建筑节能的重点领域。

自下而上的方法是从个体终端用能出发，利用有代表性的样本建筑或建筑群能源消费情况来推出特定地区或国家的建筑能源消费总量。

1.1.5　建筑运行能耗

前文介绍了建筑能耗的概念，我们明白了建筑能耗包含的内容和统计边界。这里重点介绍建筑运行能耗，也是本书旨在讨论的内容。

建筑运行能耗指的是民用建筑的运行能耗，即在住宅、办公建筑、学校、商场、宾馆、交通枢纽、文体娱乐设施等非工业建筑内，为居住者或使用者提供适宜室内环境耗费的用于采暖通风、空调、照明、炊事、生活热水以及其他使用功能的能源。清华大学建筑研究中心根据我国南北方供暖方式、城乡建筑形式、生活方式、活动人员、用能设备的差别，将我国建筑用能分为北方城镇供暖用能、城镇住宅用能（不包括北方地区的供暖）、公共建筑用能（不包括北方地区的供暖）以及农村住宅用能。

从用能总量来看，这四部分建筑能耗基本上呈“四分天下”的局势，各占建筑能耗的 1/4 左右。根据清华大学研究结果显示，我国建筑能耗总量及电力消耗量均大幅增长。2001 年至 2014 年变化情况如图 1-4 所示。

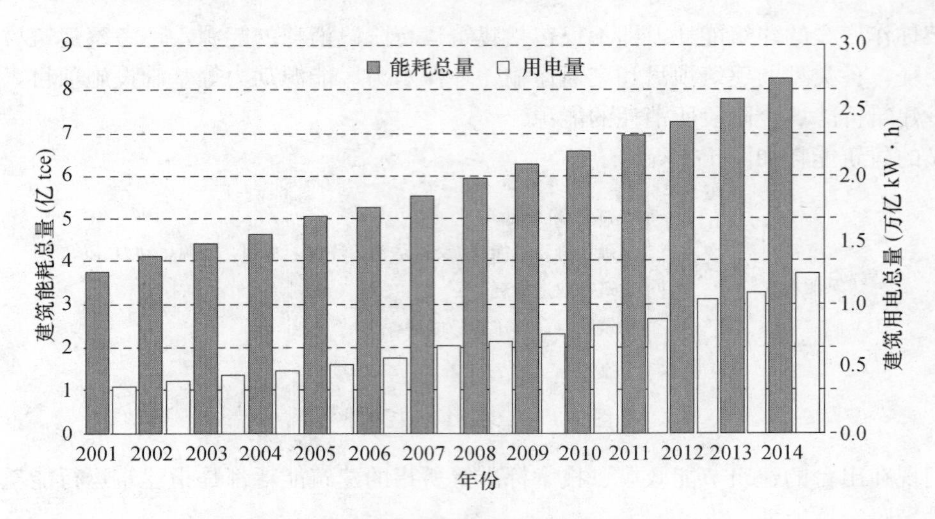

图 1-4 建筑能耗总量及用电量（2001～2014 年）

2014 年建筑商品总能耗为 8.19 亿 tce，约占全国能源消费总量的 20%，建筑商品能耗和生物质能共计 9.21 亿 tce。

我国在全面建设小康社会进程中，建筑能耗必然较快增长，这是因为：

(1) 建筑规模大，并且建筑总量快速增加。目前存量建筑近 600 亿 m^2，随着我国城镇化程度不断加快，近几年每年新增房屋面积多达 15～20 亿 m^2。

(2) 人们对建筑热舒适性的要求越来越高。冬天室温由 12～16℃提高到 18℃，甚至 20℃；热天的室温由 30～32℃，降至 26～28℃，甚至 22～24℃。对应的采暖和制冷用能不断增加。

(3) 采暖区南扩的呼声不断，采暖区域扩大，采暖能耗必然增大。空调制冷范围已从公共建筑扩展到住宅，愈来愈多的建筑采用空调和采暖设备，使用时间也在逐步延长。

(4) 家用电器品种、数量增加，许多电器成为一般家庭的必备用品，建筑的照明条件也日益改善。

1.2 建筑节能发展概况

发达国家从 1973 年能源危机时，就开始关注建筑节能，之后由于减排温室气体、缓解地球变暖的需要，更加重视建筑节能。在生活舒适性不断提高的条件下，新建建筑单位面积已减少到原来的 1/3～1/5，对既有建筑也早已组织了大规模的节能改造，而我国建筑节能工作起步较晚。

自我国确定建设节约型社会的宏观发展方向后，建设行业开始实施建筑材料革新和建筑节能政策。我国自 20 世纪 80 年代推出第一部建筑节能设计标准《民用建筑节能设计标准(采暖居住建筑部分)》(JGJ26-86)，之后逐步推进这项工作：先后出台了一系列法规政策和技术标准，建筑设计节能目标得以逐步提高，从节能 30%开始，到 50%，65%，乃至现在北京等地实施了节能 75%的设计标准。有些地方还尝试零能耗建筑、近零能耗建筑、被动式建筑等能源消耗更低的建筑形式。

每一次设计标准的提高都对建筑围护结构的热工性能提出更高的要求，尤其是热阻不断提高——传热系数不断降低，用以抵抗、阻断建筑物室内外热量交换。在夏秋空调季，最大限度地防止热量从室外传入室内，使得室内保持一个相对舒适的热环境，从而降低空调负荷，降低一次能源的消耗量；与之相对，在冬春采暖季，最大限度地防止室内热量散失到室外，使得室内保持一个相对舒适的热环境，从而降低采暖负荷，降低一次能源的消耗量。

我国地域广阔，地形复杂，为了便于因地制宜地实施建筑节能政策、技术，将我国分为五大建筑气候区——严寒地区、寒冷地区、夏热冬冷地区、夏热冬暖地区、温和地区，各个气候区气候特征不同，对环境的要求不同，建筑构造做法也不同。为实现建筑节能设计目标，不同阶段、不同地方对墙体的热工性能要求也不同。

不同建筑节能目标建筑物屋顶和墙体传热系数的限值表如表 1-4 所示。

表 1-4　不同建筑节能目标建筑物屋顶和墙体传热系数限值［W/（m²·K)］

<table>
<tr><td rowspan="3">建筑节能设计目标</td><td rowspan="3">代表性城市</td><td colspan="2">屋顶</td><td colspan="2">外墙</td></tr>
<tr><td colspan="2">体型系数</td><td colspan="2">体型系数</td></tr>
<tr><td>≤0.3</td><td>>0.3</td><td>≤0.3</td><td>>0.3</td></tr>
<tr><td rowspan="4">30%</td><td>哈尔滨</td><td colspan="2">0.64</td><td colspan="2">0.73</td></tr>
<tr><td>北京</td><td></td><td></td><td></td><td></td></tr>
<tr><td>兰州</td><td colspan="2">≤0.85</td><td colspan="2">≤1.05（单层窗户时≤1.35）</td></tr>
<tr><td>郑州</td><td></td><td></td><td></td><td></td></tr>
<tr><td rowspan="4">50%</td><td>哈尔滨</td><td>0.50</td><td>0.30</td><td>0.52</td><td>0.40</td></tr>
<tr><td>北京</td><td>0.80</td><td>0.60</td><td>0.90—1.16</td><td>0.55—0.82</td></tr>
<tr><td>兰州</td><td>0.70</td><td>0.50</td><td>0.85—1.10</td><td>0.62—0.78</td></tr>
<tr><td>郑州</td><td>0.80</td><td>0.60</td><td>1.10—1.40</td><td>0.70—1.00</td></tr>
</table>

<table>
<tr><td rowspan="5">65%</td><td></td><td>≤3 层建筑</td><td>4-8 层建筑</td><td>≥9 层建筑</td><td>≤3 层建筑</td><td>4-8 层建筑</td><td>≥9 层建筑</td></tr>
<tr><td>哈尔滨</td><td>0.25</td><td>0.30</td><td>0.30</td><td>0.30</td><td>0.40</td><td>0.55</td></tr>
<tr><td>北京</td><td>0.45</td><td>0.60</td><td>0.60</td><td>0.45</td><td>0.60</td><td>0.60</td></tr>
<tr><td>兰州</td><td>0.35</td><td>0.45</td><td>0.45</td><td>0.45</td><td>0.60</td><td>0.70</td></tr>
<tr><td>郑州</td><td>0.35</td><td>0.45</td><td>0.45</td><td>0.45</td><td>0.60</td><td>0.70</td></tr>
<tr><td rowspan="4">75%</td><td>哈尔滨</td><td></td><td></td><td></td><td></td><td></td><td></td></tr>
<tr><td>北京</td><td>0.30</td><td>0.35</td><td>0.40</td><td>0.35</td><td>0.40</td><td>0.45</td></tr>
<tr><td>兰州</td><td></td><td></td><td></td><td></td><td></td><td></td></tr>
<tr><td>郑州</td><td></td><td></td><td></td><td></td><td></td><td></td></tr>
</table>

从节能 30%到节能 65%，外墙传热系数降低了约 50%，也就是说外墙的热工性能提高了约一倍。现在北京等地已经率先发布了节能 75%的标准，各地制定发布实施 75%标准也是早晚的问题。75%节能设计标准实施后，对外墙的保温性能要求会更高，传热系数限值将降低到 0.4W/（m²·K）以下，有些示范建筑、试点建筑、科技研究项目建成的试验建筑，外墙传热系数已经小于 0.15 W/（m²·K），接近 0.1 W/（m²·K）。这样一来，就必须要求导热系数更小的建筑材料来供应市场，从而经济合理地设计建造出符合要求的建筑物围护结构，为发展绿色建筑、节能建筑提供物质保障。

1.3 建筑节能影响因素

建筑节能是一个系统工程，影响建筑物能耗的因素很多，从大的方面来讲有三个是决定性的：所处环境、自身构造、运行过程，所以谈建筑能耗的时候必须明确指出这三个要素，否则是不准确的。具体讲，与建筑物所处的地理位置、所处区域的建筑气候特征、建筑物本身的构造特点、供热供冷系统、建筑物运行管理等有关。相同面积、相同构造、相同节能措施的建筑物在不同的地方具有不同的能耗指标，不能进行简单的数值比较。对于一个既定区域的建筑物而言，影响建筑能耗的因素有区域建筑气候特征、建筑物小区环境、建筑物构造、采暖制冷能源供应系统、运行管理等五个方面。

（一）区域建筑气候特征

我国国土面积广袤、地形复杂、气候差异很大，根据建筑用能特点，从北到南分为严寒地区、寒冷地区、夏热冬冷地区、夏热冬暖地区、温和地区五个建筑气候区划，每个气候区四季温度、昼夜温度均不同，建筑需要的能源供应要求也不同，如有些是采暖，有些是制冷，有些则既考虑采暖需求又要考虑制冷需求，采取的节能措施也不同。

（二）建筑物小区环境

这部分是建筑物的外部环境对建筑能耗的影响因素，主要有（1）建筑物朝向；（2）建筑物布局；（3）建筑形态。

这除了影响建筑各外表面可受到的日照程度外，还将影响建筑物周围的空气流动。冬季建筑物外表面风速不同会使散热量有5%～7%的差别，建筑物两侧形成的压差还会造成很大的冷风渗透；夏季室内自然通风程度也在很大程度上取决于小区布局；小区绿化率、水景，这将改变地面对阳光的反射，从而使夏季室内热环境有较大差异；建筑外表面色彩不同，导致对阳光的吸收不同，从而影响室内热环境；建筑形状及内部划分，将在很大程度上影响自然通风。

（三）建筑物构造

建筑物是建筑耗能的主体，它本身的构造对建筑能耗影响主要有：（1）体型系数；（2）窗墙比；（3）门窗热工性能：气密性、传热系数；（4）屋顶、地面、外墙的传热系数。

建筑外墙、屋顶、地面的保温方式及传热系数、窗墙比、窗的形式、光透过性能及遮阳装置等，都会对冬季耗热量及夏季空调耗冷量有巨大影响。在不影响建筑风格和使用功能的前提下，采取的节能措施主要是选取较小的体型系数（一般<0.3为好，不宜超过0.35），较小的窗墙比（北向<0.25，东西向<0.30，南向<0.35），传热系数小、气密性好的门窗，保温性能优良的外墙、屋顶、地面保温系统等。这是建筑节能最重要、最核心的部分。

（四）采暖制冷能源供应系统

这部分对建筑能耗的影响因素主要是：（1）锅炉效率；（2）管道系统的效率；（3）采暖制冷方式；（4）末端设备效率。

采暖系统是建筑物采暖过程中能量转换和输送的部分，将煤、天然气等初级能源转换成热能，然后由热力管网输送到受热用户，锅炉效率和管网效率直接影响建筑物的采暖能耗，由于设施集中，潜力大，是建筑节能的重要内容。在分步实施的建筑节能目标中这部分承担的任务都比较重：第一步节能 30%的目标中承担 10%，第二步节能 50%的目标中承担 20%。

（五）运行管理

运行管理属于行为节能的范畴。在建筑物各个环节技术措施设计到位，施工过程完整体现设计师意图的情况下，运行管理就是建筑物能耗指标的决定性影响因素。这里面有智能控制技术、激励制度建设等，本书不着重讨论管理制度和行为节能的内容。

在我国建筑节能设计标准分布推进过程中，建筑本体和能源系统分别承担了不同的任务。在建筑节能达到 30%的节能目标时，建筑物本体承担其中 20%的任务，锅炉和管道系统承担 10%，锅炉运行效率和热网运行效率分别从 55%和 85%（1981 年基础值）提高到 59%和 90%；在建筑节能达到 50%的节能目标时，锅炉运行效率和热网运行效率分别提高到 68%和 90%；由于锅炉效率和管网输送效率已经提高到较高的水平，这部分节能潜力已经基本挖掘，因此进一步提高节能目标时，其节能量主要通过建筑物本体自身的节能措施来完成。具体的技术措施有提高围护结构保温隔热性能、门窗保温性能、气密性能等和被动式太阳房的得热量等。

本书主要讨论围护结构中非透明部分对建筑节能的影响，以及主要的保温材料性能、保温做法及热工性能评价。

参考文献

[1] 清华大学建筑节能研究中心．中国建筑节能年度发展研究报告 2016［M］．北京：中国建筑工业出版社，2016.
[2] 徐占发．建筑节能技术实用手册［M］．北京：机械工业出版社．2005.
[3] 中华人民共和国国家统计局．中国统计年鉴 2016．北京：中国统计出版社，2015.
[4] 李仕国，王烨．中国建筑能耗现状及节能措施概述［J］．环境科学与管理．2008.2.
[5] 秦贝贝．中国建筑能耗计算方法研究［D］．重庆大学，2014
[6] 侯利恩．中国建筑能源消费情况研究［J］．华中建筑，2015 年 12 期
[7] 张燕．中国建筑节能潜力及政策体系研究［D］．北京理工大学，2015
[8] 严寒和寒冷地区居住建筑节能设计标准（JGJ26—2010）．

第 2 章　重要名词和术语

建筑节能和建筑材料行业有一些专业性较强的概念、名词、术语，随着时间的推移，有些概念也发生了一些变化，常常引起理解上的歧义。为了利于交流和衔接下文，先介绍有关墙体节能方面的建筑节能概念、表征墙体节能性能的重要指标和平常应用较为广泛的名词、术语。

1. 建筑工业化

建筑工业化是以构件预制化生产、装配式施工为生产方式，以设计标准化、构件部品化、施工机械化、管理信息化为特征，能够整合设计、生产、施工等整个产业链，实现建筑产品节能、环保、全生命周期价值最大化的可持续发展的新型建筑生产方式。是建筑业从分散、落后的手工业生产方式逐步过渡到以现代技术为基础的大工业生产方式的全过程，是建筑业生产方式的变革。

2. 绿色建筑

指绿色建筑在全寿命周期内，最大限度地节约资源（节能、节地、节水、节材）、保护环境、减少污染，为人们提供健康、适用和高效的使用空间，与自然和谐共生的建筑。

3. 绿色建材

绿色建材是指在全生命期内减少对自然资源消耗和生态环境影响，具有“节能、减排、安全、便利和可循环”特征的建材产品。

4. 装配式建筑

装配式建筑是指由预制的混凝土结构、钢结构、木结构等结构构件，通过工程化生产和现场装配施工的建筑，可实现安全耐久、施工快捷、低碳环保等建设目标，可大幅减少建筑垃圾和建筑污水，降低建筑噪声，提高施工质量，是国家大力提倡的绿色环保节能建筑。这种建筑的优点是建造速度快，受气候条件制约小，节约劳动力并可提高建筑物质量。

5. 围护结构

建筑物及房间各面的围挡物，如墙体、屋顶、门窗、楼板和地面等，按是否同室外空气直接接触以及在建筑物中的位置，又可分为外围护结构和内围护结构。

6. 外围护结构

同室外空气直接接触的围护结构。如外墙、屋顶、外门和外窗等。

7. 内围护结构

不同室外空气直接接触的围护结构。如隔墙、楼板、内门和内窗等。

8. 空气间层

被封闭在墙体中间的空气层，有良好的隔热保温作用，不同于与外界相通的空气层。不同的结构形式，根据竖向、横向布置方向和是否覆膜分成几种形式，不同形式的热阻在相应的设计规程中给出。

9. 导热系数（λ）

稳态条件下，1m 厚的材料，两侧表面温差为 1K 时，1h 内通过 $1m^2$ 面积所传递的热量，单位为 W/（m・K）。

10. 导温系数，曾用名为热扩散系数

指材料的导热系数与其比热容和密度乘积的比值。表征物体在加热或冷却时各部分温度趋于一致的能力。其值越大温度变化的速度越快。

11. 比热容，曾用名为比热

1kg 的物质，温度升高或降低 1K 所需吸收或放出的热量。单位为：J/（kg・K）。

12. 密度，曾用名为容重

$1m^3$ 物体所具有的质量。块体材料常用表观密度，松散材料常用堆积密度表示。单位为 kg/m^3。

13. 材料蓄热系数（s）

当某一足够厚的单一材料层一侧受到谐波热作用时，表面温度将按同一周期波动，表征通过表面的热流波幅与表面温度波幅的比值。其值越大，材料的热稳定性越好。

14. 总的半球发射率（ε），同义词为黑度

表面的总的半球发射密度与相同温度黑体的总的半球发射密度之比。

15. 热桥

在金属材料构件或钢筋混凝土梁（圈梁）、柱、窗口梁、窗台板、楼板、屋面板、外墙的排水构件及附墙构件（如阳台、雨罩、空调室外机隔板、附壁柱、靠外墙阳台栏板、靠外墙阳台分户墙）等与外围护结构的结合部位，在室内外温差作用下，出现局部热流密集的现象。在室内采暖条件下，该部位内表面温度较其他主体部位低，而在室内空调降温条件下，该部位的内表面温度又较其他主体部位高。具有这种热工特征的部位称为热桥。

16. 围护结构传热系数（K），曾用名为总传热系数

稳态条件下，围护结构两侧表面温差为 1K 时，1h 内通过 $1m^2$ 面积所传递的热量，单位为 W/（m^2・K）。

17. 围护结构传热系数的修正系数（ε_i）

不同地区、不同朝向的围护结构，因受太阳辐射和天空辐射的影响，使得其在两侧空气温差同样为 1K 的情况下，在单位时间内通过单位面积围护结构的传热量要改变。这个改变后的传热量与未受太阳辐射和天空辐射影响的原有传热量的比值，即为围护结构传热系数的修正系数。

18. 外墙平均传热系数（K_m）

指外墙包括主体部位和周边热桥（构造柱、圈梁以及楼板伸入外墙部分等）部位在内的传热系数平均值。按外墙各部位（不包括门窗）的传热系数对其面积的加权平均计算求得，单位为 W/（m^2・K）。

19. 热阻（R）

表征物体阻抗热传导能力大小的物理量，单位为（m^2・K）/W。

20. 传热阻，曾用名为总热阻

表征围护结构（包括两侧表面空气边界层）阻抗传热能力的物理量，为结构热阻与两侧表面换热阻之和。为传热系数的倒数，单位为（m^2・K）/W。

21. 最小传热阻，曾用名为最小总热阻

特指设计计算中容许采用的围护结构传热阻的下限值。规定最小传热阻的目的是为了限制通过围护结构的传热量过大，防止内表面冷凝以及限制内表面与人体之间的辐射换热量过大而使人体受凉。单位为（m^2·K）/W。

22. 经济传热阻，曾用名为经济热阻

围护结构单位面积的建造费用（初次投资的折旧费）与使用费用（由围护结构单位面积分摊的采暖运行费和设备折旧费）之和达到最小值时的传热阻。单位为 m^2·K/W。

23. 热导（*G*），有时候称为热导率（*Λ*）

在稳定传热条件下，平板材料两表面之间温差为 1K，在单位时间内通过单位面积的传热量。其值等于通过物体的热流密度除以物体两表面的温度差，单位为W/（m^2·K）。

24. 热惰性指标（*D* 值）

表征围护结构对温度波衰减快慢程度的无量纲指标。单一材料围护结构，$D=RS$；多层材料围护结构，$D=\sum RS$。式中 R 为围护结构材料层的热阻，S 为相应材料层的蓄热系数。D 值越大，温度波在其中衰减越快，围护结构的热稳定性越好。

25. 围护结构的热稳定性

表征在周期性热作用下，围护结构本身抵抗温度波动的能力。围护结构的热惰性是影响其热稳定性的主要因素。

26. 房间的热稳定性

在室内外周期性热作用下，整个房间抵抗温度波动的能力。房间的热稳定性主要取决于内外围护结构的热稳定性。

27. 内表面换热系数，曾用名为内表面热转移系数、热绝缘系数

表征围护结构内表面温度与室内空气温度之差为 1K，1h 内通过 $1m^2$ 表面积传递的热量。

28. 内表面换热阻，曾用名为内表面热转移阻

内表面换热系数的倒数。

29. 外表面换热系数，曾用名为外表面热转移系数

表征围护结构外表面温度与室外空气温度之差为 1K，1h 内通过 $1m^2$ 表面积传递的热量。

30. 外表面换热阻，曾用名为外表面热转移阻

外表面换热系数的倒数。

31. 采暖度日数（HDD18）

采暖度日数是一个按照建筑采暖要求反映某地气候寒冷程度的参数。每个地方每天都有一个日平均温度，我们规定一个室内基准温度例如 18℃，当某天室外日平均温度低于 18℃时，将该日平均温度与 18℃的温度差乘以 1d，得到一个数值，其单位为℃·d，将所有这些数值累加起来，就得到了某地以 18℃为基准的采暖度日数，用 HDD18 表示，单位为℃·d。同样的道理，也可以统计出以其他温度为基准的采暖度日数，如 HDD20 等。将统计的时间从一年缩短到一个采暖期，就得到采暖期的采暖度日数。采暖度日数越大表示该地越寒冷，例如哈尔滨的 HDD18 为 4928℃·d，北京的 HDD18 为 2450℃·d，兰州的 HDD18 为 2746℃·d。

32. 空调度日数（CDD26）

空调度日数是按照建筑空调制冷要求反映某地气候炎热程度的参数。每个地方每天都有一个日平均温度，我们规定一个室内基准温度例如 26℃，当某天室外日平均温度高于 26℃时，将该日平均温度与 26℃的温度差乘以 1d，得到一个数值，其单位为℃・d，将所有这些数值累加起来，就得到了某地以 26℃为基准的采暖度日数，用 CDD26 表示，单位为℃・d。将统计时间从一年缩短到一个夏季，就得到夏季的制冷度日数。制冷度日数越大表示该地越炎热，北京的 CDD26 为 103℃・d，南京的 CDD26 为 151℃・d。

33. 制冷度时数（CDH）

类似制冷度日数，一年有 8760h，每 1h 都有一个平均温度，如果用每 1h 的平均温度代替制冷度日数中每 1d 的平均温度作计算统计，就可以得到当地制冷度时数，其单位为℃・h。用制冷度时数来估算夏季开空调降温的时间长短，比用制冷度日数更为准确。尤其对于昼夜温差大的地方更合理，如某日日平均气温低于 26℃，从制冷度日数统计当天不需要开空调降温，但是中午前后几个小时比较热，需要开空调降温。

34. 建筑物耗热量指标（qH）

表征在采暖期室外平均温度条件下，为保持室内计算温度，1m^{2}建筑面积，在 1h 内，需由采暖设备供给的热量，单位为 W/m^2。

35. 房间气密性（空气渗透性）

表征空气通过房间缝隙渗透的性能，用换气次数表示。

36. 热流计法

指用热流计进行热阻测量并计算传热系数的测量方法。

37. 热箱法

指用标定或防护热箱法对建筑构件进行热阻测量并计算传热系数的测量方法。

38. 控温箱——热流计法

指用控温箱人工控制温差，用热流计进行热流密度测量并计算传热系数的测量方法。

39. 房间平均室温

指在某房间室内活动区域内一个或多个代表性位置测得的，不少于 24h 检测持续时间内室内空气温度逐时值的算术平均值。

40. 户内平均室温

指由住户内除厨房、设有浴盆或淋浴器的卫生间、淋浴室、储物间、封闭阳台和使用面积不足 5m^{2}的空间外的所有其他房间的平均室温通过房间建筑面积加权而得到的算术平均值。

41. 建筑物平均室温

指由同属于某居住建筑物的代表性住户或房间的户内平均室温通过户内建筑面积（仅指参与室温检测的各功能间的建筑面积之和）加权而得到的算术平均值，代表性住户或房间的数量应不少于总户数或总间数的 10%。

42. 建筑材料燃烧性能分级

在规定实验条件下，通过建筑材料发热量、氧指数、燃烧速率、烟气密度等指标判定的建筑材料防火性能分级指标。目前国标分为 A（A1、A2）级、B1（B、C）级、B2（D、E）级、B3（F）级。

A 级为不燃，B1 级为难燃，B2 级为可燃，B3 级为易燃。在设计施工时，根据建筑物的性质和高度选择不同燃烧性能的建筑材料构造和外墙结构。

43. 建筑构件耐火极限

指在标准耐火试验条件下，建筑构件、配件或结构从受到火的作用时起，至失去承载能力、完整性或隔热性时止所用时间，用小时表示。

44. 红外热像仪

基于表面辐射温度原理，能产生热像的红外成像系统。

45. 热像图

用红外热像仪拍摄的表示物体表面表观辐射温度的图片。

46. 参照温度

在被测物体表面测得的用来标定红外热像仪的物体表面温度。

47. 环境参照体

用来采集环境温度的物体，它并不一定具有当时的真实环境温度，但具有与被测物相似的物理属性，并与被测物处于相似的环境之中。

48. 热工缺陷

当保温材料缺失、受潮、分布不均或其中混入灰浆或围护结构存在空气渗透的部位时，则称该围护结构在此部位存在热工缺陷。

49. 体型系数（S）

指建筑物与室外大气接触的外表面积与其所包围的体积的比值。外表面积中不包括地面和不采暖（或空调）楼梯间隔墙和户门的面积。当居住建筑物附带地下室或半地下室时，应以首层地面以上作为计算对象。对于首层为商铺的居住建筑物，应以扣除商铺后的剩余部分作为计算对象。

50. 设计建筑

正在设计的、需要进行节能设计判定的建筑。

51. 参照建筑

对围护结构热工性能进行权衡判断时，将设计建筑各部分围护结构的传热系数和窗墙比改为符合节能设计标准的限值，用以确定设计建筑物传热耗热量限值的假想建筑。

52. 居住建筑

以为人们提供生活、休息场所为主要目的的建筑，如住宅建筑（包括普通住宅建筑、公寓、连体别墅和独栋别墅）、集体宿舍、旅馆、托幼建筑。

53. 公共建筑

所谓公共建筑包含办公建筑（包括写字楼、政府部门办公楼等）、商业建筑（如商场、金融建筑等）、旅游建筑（如旅馆饭店、娱乐场所等）、科教文卫建筑（包括文化、教育、科研、医疗、卫生、体育建筑等）、通信建筑（如邮电通讯、广播用房等）以及交通运输用房（如机场、车站建筑等）。

54. 中小型公共建筑

单栋建筑面积小于或等于 2 万 m^2 的公共建筑。

55. 大型公共建筑

单栋建筑面积大于 2 万 m^2 的公共建筑。

56. 检验批

具有相同的外围护结构（包括外墙、外窗和屋面）构成的建筑物。

参考文献

[1] 柳孝图．建筑物理（第 2 版）．北京：中国建筑工业出版社，2000
[2]《严寒和寒冷地区居住建筑节能设计标准》（JGJ26—2010）．
[3] 王文忠，王宝海主编．上海住宅建筑节能技术和与管理．上海：同济大学出版社，2004.
[4] 中国建筑业协会建筑节能专业委员会编著．建筑节能技术．北京：中国计划出版社，1996.
[5] 付祥钊主编．夏热冬冷地区建筑节能技术．北京：中国建筑工业出版社，2000.
[6] 仇保兴．关于装配式住宅发展的思考［J］．住宅产业，2014（02）．
[7] 中国建筑业协会建筑节能专业委员会，北京市建筑节能与墙体材料革新办公室编著．建筑节能怎么办（第二版）．北京：中国计划出版社．
[8]《居住建筑节能检测标准》（JGJ/T 132—2009）
[9] 中华人民共和国工业和信息化部，中华人民共和国住房和城乡建设部．《促进绿色建材生产和应用行动方案》．2015 年 8 月 31 日．
[10]《建筑设计防火规范》（GB50016—2014）
[11]《建筑材料及制品燃烧性能分级》（GB8624—2012）

第 3 章　建筑节能措施及防火

建筑保温材料是建筑工业的原材料，处于建筑工业产业链的上游，其发展受到两方面的影响：其一，材料科学和建材行业自身的技术进步，推动保温材料发展；另一发面，受到建筑行业对保温材料的要求，这个因素的影响更大。这两个因素互相制约又互相促进，推动保温材料行业和建筑节能技术的进步。

在 20 世纪 80 年代随着《民用建筑节能设计标准（采暖居住建筑部分）》（JGJ26—86）的实施，建筑节能正式进入大范围推广阶段。刚开始，节能保温和防火安全之间的矛盾并不十分突出，后来随着建筑节能设计标准的逐步提高和既有建筑节能改造工作的展开，建筑保温工程火灾事故时有发生，节能保温和防火安全这一矛盾越发突出，引起了广大群众的高度关注。因此，现阶段及今后在发展建筑节能和外墙保温技术时，建筑防火规定、建筑保温材料的燃烧性能是不可或缺的，也是不可忽视的内容，偏重任何一个方面都不是原来发展建筑节能的本意，甚至造成隐患，危及公众利益及安全。

3.1　结构保温是建筑物节能的关键环节

建筑物围护结构的主要组成材料有以下三大类：主体材料、保温隔热材料、饰面材料。在进行节能建筑设计时，需要考虑结构的安全性、传热性能、热惰性及经济性，即根据建筑结构形式、当地建筑材料的供应状况、当地建筑节能标准设计要求等因素选择适宜的建筑材料和构造方法。其中传热系数和热惰性指标是与建筑节能直接相关的两个关键技术指标。

这里的建筑材料严格意义上是指墙体材料，下面说的建筑材料也是这个意思。在上述的三种材料中，主体材料主要是指承重结构的材料如砌块、混凝土、钢结构等，变化不大，种类也少；饰面材料是建筑材料中发展最快的，其更新换代也快，但是对建筑节能的影响不大，因此一般不考虑它们的节能性能（这里的建筑节能性能主要考虑的是热传导，市场上带有保温性能的防辐射涂料是隔太阳辐射热的，另外考虑）；保温隔热材料是建筑节能设计中的重点考虑内容，也是近几年国家重点倡导发展的材料。

目前，外保温材料按照燃烧性能可以分为 A 级（不燃材料）、B1 级（难燃材料）、B2 级（可燃材料）以及 B3 级（易燃材料）。根据材质可分为三大类：有机类保温材料、无机类保温材料和有机无机复合保温材料。有机类的保温材料主要有 EPS（模塑聚苯乙烯）、XPS（挤塑聚苯乙烯）、PU（发泡聚氨酯）、PF（酚醛泡沫板）等；无机类保温材料目前使用的主要有发泡水泥板、岩棉板、泡沫玻璃、膨胀玻化微珠保温砂浆、发泡陶瓷等；复合类保温材料主要有胶粉聚苯颗粒保温浆料等。其中，有机类保温隔热材料的突出特点是密度小、导热系数小，但是它属于可燃烧材料，用在建筑物上其消防安全性较差。无机类保温隔热材料的突出特点是长寿命，不燃烧，缺点是密度较大，导热系数较大，要达到同样的保温隔热性能需要的材料厚度较大。复合类保温材料介于两者之间。

总结近年来我国发生的建筑外墙保温材料火灾，主要有三方面原因：一是外保温材料进场后的堆放阶段，此时发生火灾多是因为火种管理不当引起的；二是外保温材料施工安装阶段，此时发生火灾主要是因为施工现场消防安全责任制不落实，管理混乱，多工种交叉作业，且不采取有效的防护措施造成的；三是安装完外墙外保温材料，建筑施工进入工程收尾或竣工投入使用阶段，因外界各种因素管理不当引发的火灾。因此，材料自身性能与施工管理两方面是造成火灾的两大因素，其中材料性能是本征安全因素。

有关保温材料性能及主要的技术指标将在第 4 章详细介绍。

3.2　建筑消防要求

如上所述，我国在推进建筑节能的进程中，不断提高建筑节能设计标准，节能目标从30%开始、一直到 50%、65%乃至 75%，要求墙体的热阻不断提高，也就是围护结构传热系数不断降低，为了在不过分增加厚度的条件下达到热阻要求，就要使用导热性能低的材料。在这个过程中大家过多地关注建筑物围护结构的热工性能，偏重追求低导热系数的保温材料。如：有机类保温材料 EPS（模塑聚苯乙烯）、XPS（挤塑聚苯乙烯）、PU（发泡聚氨酯）等。这些材料由于具有很低的导热系数受到了市场追捧，因而得到了大量应用，但是大家却忽视了应用中的消防安全问题。直到发生了“南京中环国际广场、哈尔滨经纬 360 度双子星大厦、济南奥体中心、北京央视新址附属文化中心、上海胶州教师公 寓、沈阳皇朝万鑫大厦”等触目惊心的火灾事故后，建筑消防安全问题才引起人们的重视。一时间要建筑节能还是建筑安全成了业内和公众广泛讨论的话题，公安部出台了严厉的确保建筑保温安全的文件——公消［2011］65 号文《关于进一步明确民用建筑外保温材料消防监督管理有关要求的通知》，将原来的《民用建筑外保温系统及外墙装饰防火暂行规定》（公通字［2009］46 号文）的要求进行了更进一步的提高，明确了建筑保温隔热用建筑材料必须达到防火性能 A 级要求。这个文件的出台促使我国整个保温材料产业和建筑节能设计发生了巨大的变化。

后来，国家根据国内建筑节能政策、技术标准发展趋势和建筑保温材料的实际状况，对建筑保温隔热用建筑材料的防火性能要求进行了调整，允许在不同用途和不同高度的建筑物上分别采取不同的防火构造措施。如表 3-1 所示。

表 3-1　目前执行的防火设计规范和文件

文号文件名称	发布时间	发文机构	核心内容解读
公通［2009］46 号 民用建筑外保温系统及外墙装饰防火暂行规定	2009.9.25	中华人民共和国公安部 中华人民共和国住房和城乡建设部	根据不同的建筑类型，可以用燃烧性能为 A 级、B1 级、B2 级外保温材料
公消［2011］65 号 关于进一步明确民用建筑外保温材料消防监督管理有关要求的通知	2011.3.14	中华人民共和国公安部消防局	民用建筑外保温材料全部采用燃烧性能为 A 级的材料

续表

文号文件名称	发布时间	发文机构	核心内容解读
国发［2011］46号 国务院关于加强和改进消工作的意见	2011.12.30	中华人民共和国国务院	新建、改建、扩建工程的外保温材料一律不得使用易燃材料，严格限制使用可燃材料。（可以用有机保温材料） 单位法人代表是第一责任人
建科［2012］16号 关于贯彻落实国务院关于加强和改进消防工作的意见的通知	2012.2.10	中华人民共和国住房和城乡建设部	严格执行现行有关标准规范和（公通字［2009］46号）
公安部令第119号 建设工程消防监督管理规定	2012.7.17	中华人民共和国公安部	选用合格的消防产品和满足防火性能要求的建筑构件、建筑材料及装修材料
公消〔2012〕350号 关于民用建筑外保温材料消防监督管理有关事项的通知	2012.12.3	中华人民共和国公安部消防局	公消［2011］65号不再执行

几个主要文件的重要内容：

一、公通字［2009］46号《民用建筑外保温系统及外墙装饰防火暂行规定》

……

（一）住宅建筑应符合下列规定：

1. 高度大于等于100m的建筑，其保温材料的燃烧性能应为A级。

2. 高度大于等于60m小于100m的建筑，其保温材料的燃烧性能不应低于B2级。当采用B2级保温材料时，每层应设置水平防火隔离带。

3. 高度大于等于24m小于60m的建筑，其保温材料的燃烧性能不应低于B2级。当采用B2级保温材料时，每两层应设置水平防火隔离带。

4. 高度小于24m的建筑，其保温材料的燃烧性能不应低于B2级。其中，当采用B2级保温材料时，每三层应设置水平防火隔离带。

（二）其他民用建筑应符合下列规定：

1. 高度大于等于50m的建筑，其保温材料的燃烧性能应为A级。

2. 高度大于等于24m小于50m的建筑，其保温材料的燃烧性能应为A级或B1级。其中，当采用B1级保温材料时，每两层应设置水平防火隔离带。

3. 高度小于24m的建筑，其保温材料的燃烧性能不应低于B2级。其中，当采用B 2级保温材料时，每层应设置水平防火隔离带。

第五条幕墙式建筑应符合下列规定：

（一）建筑高度大于等于24m时，保温材料的燃烧性能应为A级。

（二）建筑高度小于24m时，保温材料的燃烧性能应为A级或B1级。其中，当采用B1级保温材料时，每层应设置水平防火隔离带。

（三）保温材料应采用不燃材料做防护层。防护层应将保温材料完全覆盖。防护层厚度不应小于3mm。

……

第八条对于屋顶基层采用耐火极限不小于1.00h的不燃烧体的建筑，其屋顶的保温材料不应低于B2级；其他情况，保温材料的燃烧性能不应低于B1级。

第九条屋顶与外墙交界处、屋顶开口部位四周的保温层，应采用宽度不小于500mm的A级保温材料设置水平防火隔离带。

……

二、公消［2011］65号《关于进一步明确民用建筑外保温材料消防监督管理有关要求的通知》

……

为遏制当前建筑易燃可燃外保温材料火灾高发的势头，把好火灾防控源头关，现就进一步明确民用建筑外保温材料消防监督管理的有关要求通知如下：

（一）将民用建筑外保温材料纳入建设工程消防设计审核、消防验收和备案抽查范围。凡建设工程消防设计审核和消防验收范围内的设有外保温材料的民用建筑，均应将建筑外保温材料的燃烧性能纳入审核和验收内容。对于《建设工程消防监督管理规定》（公安部令第106号）第十三条、第十四条规定范围以外设有外保温材料的民用建筑，全部纳入抽查范围。在新标准发布前，从严执行《民用建筑外保温系统及外墙装饰防火暂行规定》（公通字［2009］46号），第二条规定，民用建筑外保温材料采用燃烧性能为A级的材料。

（二）加强民用建筑外保温材料的消防监督管理。2011年3月15日起，各地受理的建设工程消防设计审核和消防验收申报项目，应严格执行本通知要求。对已经审批同意的在建工程，如建筑外保温采用易燃、可燃材料的，应提请政府组织有关主管部门督促建设单位拆除易燃、可燃保温材料；对已经审批同意但尚未开工的建设工程，建筑外保温采用易燃、可燃材料的，应督促建设单位更改设计，选用不燃材料，重新报审。

……

三、国发［2011］46号《国务院关于加强和改进消防工作的意见》

……

（七）严格建筑工地、建筑材料消防安全管理。要依法加强对建设工程施工现场的消防安全检查，督促施工单位落实用火用电等消防安全措施，公共建筑在营业、使用期间不得进行外保温材料施工作业，居住建筑进行节能改造作业期间应撤离居住人员，并设消防安全巡逻人员，严格分离用火用焊作业与保温施工作业，严禁在施工建筑内安排人员住宿。新建、改建、扩建工程的外保温材料一律不得使用易燃材料，严格限制使用可燃材料。住房和城乡建设部要会同有关部门，抓紧修订相关标准规范，加快研发和推广具有良好防火性能的新型建筑保温材料，采取严格的管理措施和有效的技术措施，提高建筑外保温材料系统的防火性能，减少火灾隐患。建筑室内装饰装修材料必须符合国家、行业标准和消防安全要求。相关部门要尽快研究提高建筑材料性能，建立淘汰机制，将部分易燃、有毒及职业危害严重的建筑材料纳入淘汰范围。

……

三、建科［2012］16号《关于贯彻落实国务院关于加强和改进消防工作的意见的通知》

……

严格执行现行有关标准规范和公安部、住房城乡建设部联合印发的《民用建筑外墙保温系统及外墙装饰防火暂行规定》（公通字［2009］46号），加强建筑工程的消防安全管理，防患未然，减少火灾事故。

（二）加强新建建筑监管。要严格执行《民用建筑外墙保温系统及外墙装饰防火暂行规定》中关于保温材料燃烧性能的规定，特别是采用B1和B2级保温材料时，应按照规定设置防火隔离带。各地可在严格执行现行国家标准规范和有关规定的基础上，结合实际情况制定新建建筑节能保温工程的地方标准规范、管理办法，细化技术要求和管理措施，从材料、工艺、构造等环节提高外墙保温系统的防火性能和工程质量。

（三）加强已建成外墙保温工程的维护和管理。外墙采用有机保温材料（以下简称保温材料）且已投入使用的建筑工程，要按照现行标准规范和有关规定进行梳理、检查和整改。

……

五、公消〔2012〕350号《关于民用建筑外保温材料消防监督管理有关事项的通知》

……

为认真吸取上海胶州路教师公寓"11·15"和沈阳皇朝万鑫大厦"2·3"大火教训，2011年3月14日，公安部消防局下发了《关于进一步明确民用建筑外保温材料消防监督管理有关要求的通知》（公消〔2011〕65号），对建筑外墙保温材料使用及管理提出了应急性要求。2011年12月30日，国务院下发的《国务院关于加强和改进消防工作的意见》（国发〔2011〕46号）和2012年7月17日新颁布的《建设工程消防监督管理规定》，对新建、扩建、改建建设工程使用外保温材料的防火性能及监督管理工作进行了明确规定。经研究，《关于进一步明确民用建筑外保温材料消防监督管理有关要求的通知》不再执行。

……

六、GB50016—2014《建筑设计防火规范》

……

自2015年5月1日起实施。该标准是在《建筑设计防火规范》（GB50016—2006）和《高层民用建筑设计防火规范》（GB50045—95）2005年版的基础上，经整合修订而成，共分12章和3个附录。

规范中涉及有关建筑保温和外墙装饰材料的强制性条文，如：建筑的内、外保温系统，宜采用燃烧性能为A级的保温材料，不宜采用B2级保温材料，严禁采用B3级保温材料；设置保温系统的基层墙体或屋面板的耐火极限应符合本规范的有关规定。建筑外墙采用内保温系统时，保温系统应符合下列规定：对于人员密集场所，用火、燃油、燃气等具有火灾危险的场所以及各类建筑内的疏散楼梯间、避难走道、避难间、避难层等场所或部位，应采用燃烧性能为A级的保温材料；对于其他场所，应采用低烟、低毒且燃烧性能不低于B1级的保温材料；保温系统应采用不燃烧材料做防护层。采用燃烧性能为B1级的保温材料时，防护层的厚度不应小于10mm。

建筑外墙采用保温材料与两侧墙体构成无空腔复合保温结构体时，该结构体的耐火极限应符合本规范的有关规定；当保温材料的燃烧性能为B1级、B2级时，保温材料两侧的墙体应采用不燃材料且厚度均不应小于50mm。

设置人员密集场所的建筑，其外墙外保温材料的燃烧性能应为A级。与基层墙体、装饰层之间无空腔的建筑外墙外保温系统，其保温材料应符合下列规定：

1. 住宅建筑：

1）建筑高度大于100m时，保温材料的燃烧性能应为A级；

2）建筑高度大于27m但不大于100m时，保温材料的燃烧性能不应低于B1级；

3）建筑高度不大于 27m 时，保温材料的燃烧性能不应低于 B2 级。

2. 除住宅建筑和设置人员密集场所的建筑外，其他建筑：

1）建筑高度大于 50m 时，保温材料的燃烧性能应为 A 级；

2）建筑高度大于 24m 但不大于 50m 时，保温材料的燃烧性能不应低于 B1 级；

3）建筑高度不大于 24m 时，保温材料的燃烧性能不应低于 B2 级。

除设置人员密集场所的建筑外，与基层墙体、装饰层之间有空腔的建筑外墙外保温系统，其保温材料应符合下列规定：建筑高度大于 24m 时，保温材料的燃烧性能应为 A 级；建筑高度不大于 24m 时，保温材料的燃烧性能不应低于 B1 级。建筑外墙的装饰层应采用燃烧性能为 A 级的材料，但建筑高度不大于 50m 时，可采用 B1 级材料。

……

从上面的叙述和表 3-2 中的内容我们可以看出，国家有关部门关于建筑消防方面建筑材料燃烧性能和防火性能的规定，最基础的文件是中华人民共和国公安部、中华人民共和国住房和城乡建设部联合发布的公通字［2009］46 号《民用建筑外保温系统及外墙装饰防火暂行规定》，该文件规定了不同的建筑类型、不同的建筑高度应该使用相应燃烧性能的建筑保温材料。虽然中间经历过一些变化，但是最后仍然回到了公通字［2009］46 号规定的基本要求上，以后陆续发布的文件和规定都以此作为基础文件。

3.3　建筑保温材料燃烧性能

大家经常在国家出台的政策、建筑行业发布的技术标准、规范、图集等文件中看到保温材料的燃烧性能要达到 A 级或 B 级等的规定，由于标准的更替和政策文件变更，同样的术语在不同的标准中的意义不尽相同，经常发生理解上的歧义。比如燃烧性能达到 B1 级材料就因为不同版本的标准和文件规定不同，在执行时造成理解混乱。

为了使大家对建筑保温材料的燃烧性能分级有一个比较清晰的了解，下面介绍一下建筑保温材料燃烧性能分级标准的变化过程。我国目前执行的建筑保温材料燃烧性能检测分级的国家标准是《建筑材料及制品燃烧性能分级》GB8624，该标准经过数次修订，之前的版本有 1988、1997、2006，其最新版本是 2012 年 12 月 31 日发布，2013 年 10 月 1 日实施的 GB8624—2012 版本。

该标准于 1988 年首次发布，其后参照原西德标准 DIN 4102-1：1981《建筑材料和构件的火灾特性 第一部分：建筑材料分级的要求和试验》，对其进行修订，1997 年发布了修订版。该标准在实施的十多年中，作为我国建筑材料及建筑物内部使用的部分特定用途材料燃烧性能分级的准则，对进行材料防火性能评价、指导防火安全设计、实施消防安全监督、执行防火设计规范发挥了重要作用，产生了显著的社会经济效益。随着欧盟的成立，2002 年欧盟标准委员会（EN）制定并颁布了欧盟统一的材料燃烧性能分级标准，即 EN 13501-1：2002《建筑制品和构件的火灾分级 第一部分：用对火反应试验数据的分级》，以此统一了建筑制品对火反应燃烧性能分级的程序。该标准实施后，欧盟成员国原各自的材料分级标准（包括 DIN 4102-1）同时废止。也就是说 GB 8624—1997 标准依据的国外标准已不复存在。随着火灾科学和消防工程学科领域研究的不断深入和发展，对燃烧特性的内涵也从单纯的火焰传播和蔓延，扩展到包括燃烧热释放速率、燃烧热释放量、燃烧烟密度以及燃烧产物毒性等参数。而 EN 13501-1 的分级体系正是积极地考虑了上述特性参数，因而更科学。同时

EN 13501-1 规定的一些试验方法既考虑了实际的火灾场景，又考虑了材料的最终用途，因而更有实际代表性。基于上述原因，参照 EN 13501-1 对 GB 8624—1997 作全面修订是非常必要的。

2006 年参照欧盟标准委员会（CEN）制定的 EN 13501-1：2002《建筑制品和构件的火灾分级 第 1 部分：采用对火反应试验数据的分级》，对 GB8624—1997 进行了修订，发布了 GB8624—2006，与 1997 版相比，GB8624—2006 在建筑材料及制品燃烧性能分级及其判据方面发生了较大的变化，燃烧性能分级由 1997 版的 A、B1、B2、B3 四级，改变为 A1、A2、B、C、D、E、F 七级。在 GB8624—2006 执行过程中发现，燃烧性能分级过细，与我国当前工程建设实际不相匹配。为增强标准的实用性和协调性，对 GB8624 进行了第 3 次修订，发布了 GB8624—2012，明确了建筑材料及制品燃烧性能的基本分级仍为 A、B1、B2、B3 四级，同时建立了与欧盟标准分级（我国 GB8624—2006 与此同）A1、A2、B、C、D、E、F 七级的对应关系，并采用了欧盟标准 EN 13501-1：2007 的分级判据。

标准中各版本主要内容如表 3-2 所示，大家可以参照应用。

表 3-2　建筑材料燃烧性能分级

序号	标准号	发布执行时间	主要内容	备注
1	GB8624-88		建筑材料燃烧性能分为 4 级 A 不燃类材料 B 可燃类材料 B1 难燃材料 B2 可燃材料 B3 易燃材料	
2	GB8624—1997	1997-04-04 批准 1997-10-01 实施	建筑材料燃烧性能分为 4 级 A 不燃类材料 B 可燃类材料 B1 难燃材料 B2 可燃材料 B3 易燃材料	
3	GB8624—2006	2006-06-19 发布 2007-03-01 实施	建筑保温材料燃烧性能分 7 级 A1，A2，B，C，D，E，F	参照欧盟标准委员会（CEN） EN13501-1：2002 制定该标准
4	GB8624—2012	2012-12-31 发布 2013-10-01 实施	建筑材料及制品的燃烧性能分为 4 级 A，B1、B2、B3	建立了与欧标 7 级的对应关系，采用了欧标的分级判据

3.4　建筑构件防火要求

以上是建筑材料及制品燃烧性能及分级方面的一些规定，凡是应用在建筑物中的保温材料、铺地材料、装饰装修材料等，其燃烧性能均应符合上述标准的要求。

近年来随着装配式建筑的发展和建筑工业化政策的不断推进，在工厂生产的一些整体式构件逐步替代了现场施工制作的墙体，如保温装饰一体化外墙板等，其防火性能应该按照建筑构件防火性能的要求进行检测和评定。

3.6.1　建筑构件耐火极限

建筑构件的防火性能使用耐火极限来表征，其定义为对任一建筑构件，按照时间-温度标准曲线进行耐火试验，从受火作用时起，到构件失去稳定性或完整性或绝热性时止，这段抵抗火的作用时间，称为耐火极限，通常用小时（h）来表示。

建筑构件按其燃烧性能分为三大类：

1. 不燃烧体：用不燃材料制成的构件。不燃材料指的是在空气中遇到火烧或高温作用时不起火、不微燃、不碳化的材料。如砖、石、钢材、混凝土等。

2. 难燃烧体：用难燃性材料做成的构件或用燃烧性材料做成而用不燃烧材料做保护层的构件。难燃性材料是指在空气中遇到火烧或高温作用时难起火、难微燃、难碳化，当火源移走后燃烧或微燃立即停止的材料。如经过阻燃处理的木材、沥青混凝土、水泥刨花板等。

3. 燃烧体：用燃烧材料做成的构件。燃烧性材料是指在空气中遇到火烧或高温作用时立即起火或微燃，且火源移走后仍继续燃烧或微燃的材料。如木材。

耐火极限的判定条件：失去稳定性、失去完整性、失去绝热性。

（1）失去稳定性

构件在试验过程中失去支持能力或抗变形能力。

①外观判断：如墙发生垮塌；梁板变形大于 $L/20$；柱发生垮塌或轴向变形大于 $h/100$（mm）或轴向压缩变形速度超过 $3h/1000$（mm/min）；

②受力主筋温度变化：16Mn 钢，510℃。

（2）失去完整性

适用于分隔构件，如楼板、隔墙等。失去完整性的标志：出现穿透性裂缝或穿火的孔隙。

（3）失去绝热性

适用于分隔构件，如墙、楼板等。失去绝热性的标志：下列两个条件之一：试件背火面测温点平均温升达 140℃；试件背火面测温点任一点温升达 180℃。

建筑构件耐火极限的三个判定条件，实际应用时要具体问题具体分析：

①分隔构件（隔墙、吊顶、门窗）：失去完整性或绝热性；

②承重构件（梁、柱、屋架）：失去稳定性；

③承重分隔构件（承重墙、楼板）：失去稳定性或完整性或绝热性。

对于整体拼装房的建筑构件、建筑工业化系统生成的保温装饰一体化构件尤其是墙材，其耐火性能尤为重要。因为在生成过程中将保温层复合在结构层上并在其上又复合了装饰层，这种材料已经不能用建筑保温材料燃烧性能分级检测标准来进行产品管理和施工管理，必须用建筑构件防火性能标准规定的使用要求和检验方法进行管理。

3.6.2　建筑防火设计相关规定

民用建筑按其高度和层数可以分为单层、多层民用建筑和高层民用建筑。高层民用建筑又可以根据其高度和使用功能分为一类、二类建筑。民用建筑分类如表 3-3 所示。

表 3-3 民用建筑分类

名称	高层民用建筑		单层、多层民用建筑
	一类	二类	
住宅建筑	建筑高度大于 54m 的住宅建筑（包括设置商业服务网点的住宅建筑）	建筑高度大于 27m，但不大于 54m 的住宅建筑（包括设置商业服务网点的住宅建筑）	建筑高度不大于 27m 的住宅建筑（包括设置商业网点的住宅建筑）
公共建筑	建筑高度大于 50m 的公共建筑 任一楼层建筑面积大于 1000m² 的商店、展览、电信、邮政、财贸金融建筑和其他多种功能组合的建筑 医疗建筑、主要公共建筑 省级及以上的广播电视和防灾指挥调度建筑、网局级和省级电力调度建筑 藏书超过 100 万册的图书馆、书库	除一类高层公共建筑外的其他高层建筑	建筑高度大于 24m 的单层公共建筑 建筑高度不大于 24m 的其他公共建筑

民用建筑耐火等级可分为一、二、三、四级。不同耐火等级建筑相应构件的燃烧性能和耐火极限不应低于表 3-4 的规定。

表 3-4 不同耐火等级建筑相应构件的燃烧性能和耐火极限（h）

构件名称		耐火等级			
		一级	二级	三级	四级
墙	防火墙	不燃性 3.00	不燃性 3.00	不燃性 3.00	不燃性 3.00
	承重墙	不燃性 3.00	不燃性 2.50	不燃性 2.00	难燃性 0.50
	非承重外墙	不燃性 1.00	不燃性 1.00	不燃性 0.50	可燃性
	楼梯间和前室的墙 电梯井的墙 住宅建筑单元之间的墙和分户墙	不燃性 2.00	不燃性 2.00	不燃性 1.50	难燃性 0.50
	疏散走道两侧的隔墙	不燃性 1.00	不燃性 1.00	不燃性 0.50	难燃性 0.25
	房间隔墙	不燃性 0.75	不燃性 0.50	不燃性 0.50	难燃性 0.25
柱		不燃性 3.00	不燃性 2.50	不燃性 2.00	难燃性 0.50
梁		不燃性 2.00	不燃性 1.50	不燃性 1.00	难燃性 0.50
楼板		不燃性 1.50	不燃性 1.00	不燃性 0.50	可燃性
屋顶承重构件		不燃性 1.50	不燃性 1.00	不燃性 0.50	可燃性
疏散楼梯		不燃性 1.50	不燃性 1.00	不燃性 0.50	可燃性
吊顶（包括吊顶格栅）		不燃性 0.25	难燃性 0.25	难燃性 0.15	可燃性

注：除本规范另有规定外，以木柱承重且墙体采用不燃材料的建筑，其耐火等级应按四级确定

住宅建筑各部位、各构件的防火性能耐火极限应该满足表 3-5 的要求。

表 3-5 住宅建筑的燃烧性能和耐火极限（h）

构件名称		耐火等级			
		一级	二级	三级	四级
墙	防火墙	不燃性 3.00	不燃性 3.00	不燃性 3.00	不燃性 3.00
	非承重外墙 疏散走道两侧的隔墙	不燃性 1.00	不燃性 1.00	不燃性 0.75	不燃性 0.75
	楼梯间和前室的墙 电梯井的墙 住宅单元之间的墙 住宅分户墙 承重墙	不燃性 2.00	不燃性 2.00	不燃性 1.50	难燃性 0.50
	房间隔墙	不燃性 0.75	不燃性 0.50	难燃性 0.50	难燃性 0.25
柱		不燃性 3.00	不燃性 2.50	不燃性 2.00	难燃性 1.00
梁		不燃性 2.00	不燃性 1.50	不燃性 1.00	难燃性 1.00
楼板		不燃性 1.50	不燃性 1.00	不燃性 0.75	难燃性 0.50
屋顶承重构件		不燃性 1.50	不燃性 1.00	难燃性 0.50	难燃性 0.25
疏散楼梯		不燃性 1.50	不燃性 1.00	不燃性 0.75	难燃性 0.50
吊顶（包括吊顶格栅）		不燃性 0.25	难燃性 0.25	难燃性 0.15	可燃性

注：表中外墙是指除外保温层外的主体构件。但是对于集结构、保温、装饰一体化的工业化生产的构件应满足外墙的防火要求

同时，现行建筑设计规范还做了如下约束：

民用建筑的耐火极限应根据其建筑高度、使用功能、重要性和火灾扑救难度等确定，并应符合下列规定。

地下或半地下建筑（室）和一类高层建筑的耐火极限不应低于一级；单层、多层重要公共建筑和二类高层建筑的耐火极限等级不应低于二级。

二级耐火等级建筑内采用难燃性墙体的房间隔墙，其耐火极限不应低于 0.75h，当房间的建筑面积不大于 100m^{2}时，房间隔墙可采用耐火极限不低于 0.50h 的难燃性墙体或耐火极限不低于 0.30h 的不燃性墙体。建筑内与钢筋混凝土构件的节点外露部位，应采取防火保护措施，且节点的耐火极限不应低于相应构件的耐火极限。

当使用工业化生产的建筑构件时，墙体整体性防火要求必须达到标准规范的要求。尤其是近年来大力发展钢结构建筑，其围护结构用的墙体材料大多为工厂预制的墙板，其防火性能更应受到重视。

参考文献

[1] 孙宝樑．简明建筑节能技术［M］．北京：中国建筑工业出版社．2007

[2] 徐占发．建筑节能技术实用手册［M］．北京：机械工业出版社．2005

[3] 田斌守．建筑节能检测技术（第二版）［M］．北京：中国建筑工业出版社．2010

[4]《建筑材料及制品燃烧性能分级》（GB8624—2012）．

[5]《建筑设计防火规范》（GB50016—2014）．

[6]《住宅建筑规范》(GB50368—2005).
[7] 朱世伟，王萌，翟磊．浅谈建筑防火中外墙保温材料防火性能及火灾危险性 [J]．河南科技，2013，10.
[8] 汪李讙．典型建筑物外墙保温材料火灾蔓延规律的研究 [J]．消防技术与产品信息，2016 (3).
[9] 贾雯．建筑外保温材料的现状及展望 [J]．消防技术与产品信息，2012 增刊．
[10] 李晓敏．外墙保温材料的发展趋势 [J]．墙材革新与建筑节能，2013 (7).

第 4 章　节能墙体系统构成

在冬季，为了保持室内温度，建筑物必须获得热量。建筑物的总得热量包括采暖设备的供热（占 70%～75%）、太阳辐射得热（通过窗户和围护结构进入室内，占 15%～20%）和建筑物内部得热（包括炊事、照明、家电和人体散热，占 8%～12%）[1]。这些热量再通过围护结构（包括外墙、屋顶和门窗等）的传热和空气渗透向外散失。建筑物的总失热包括围护结构的传热耗热量（占 70%～80%）和通过门窗缝隙的空气渗透耗热量（占 20%～30%）。当建筑物的总得热和总失热达到平衡时，室温得以保持。在夏季，建筑物内外温差较小，为了达到室内所要求的空气温度，室内空气必须通过降温处理。室内空调设备制冷量应等于围护结构的传热得热量和通过门窗缝隙的空气渗透得热量。因此，对于建筑物来说，节能的主要途径是：减少建筑物外表面积和加强围护结构保温，以减少冬季和夏季的传热量；提高门窗的气密性，以减少冬季空气渗透耗热量和夏季空气渗透得热量。在减少建筑物总失热或得热量的前提下，尽量利用太阳辐射得热和建筑物内部得热，最终达到节约能源的目的。从工程实践及经验中，改进建筑围护结构热工性能是建筑节能改造的关键，而提高围护结构热工性能的有效途径首推外墙保温技术。

近年来，在建筑保温技术不断发展的过程中，主要形成了外墙外保温和外墙内保温以及夹芯保温等三种技术形式。

4.1　外墙内保温

外墙内保温是在外墙结构的内部加做保温层，在外墙内表面使用预制保温材料粘贴、拼接、抹面或直接做保温砂浆层，以达到保温目的。外墙内保温在我国应用时间较长，施工技术及检验标准比较完善。外墙内保温材料蓄热能力低，当室内采用间歇式的采暖或间歇式空调时，可以使室内温度较快调整到所需的温度，适用于冬季不是太冷地区建筑的保温隔热。在 2001 年前外墙保温施工中约有 90%以上的工程应用外墙内保温技术。

4.1.1　主要外墙内保温体系

外墙内保温的构造图如图 4-1 所示：

常见的外墙内保温体系包括以下几种形式：

（1）在外墙内侧粘贴块状保温板，如膨胀聚苯板（EPS 板）、挤塑聚苯板（XPS 板）、石墨改性聚苯板、热固改性聚苯板等，并在表面抹保护层，如聚合物水泥胶浆、粉刷石膏等。

（2）在外墙内侧粘贴复合板（保温材料：EPS/XPS/石墨改性聚苯板等，复合面层：纸面石膏板、无石棉硅酸钙板、无石棉纤维水泥平板等）。

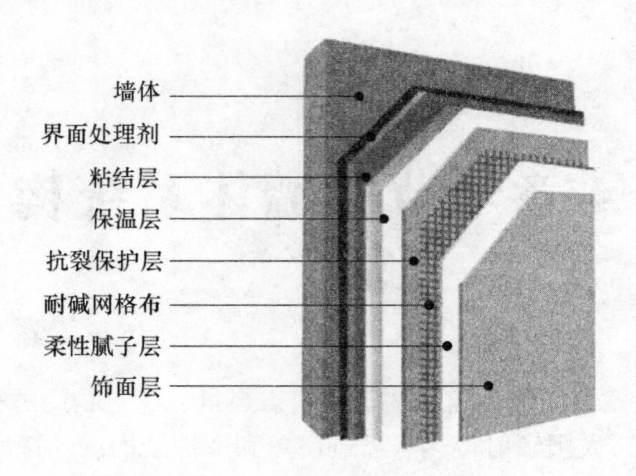

图 4-1　外墙内保温体系构造图

（3）在外墙内侧安装轻钢龙骨固定保温材料（如：玻璃棉板、岩棉板、喷涂聚氨酯等）。

（4）在外墙内侧抹浆料类保温材料（如：玻化微珠保温砂浆、胶粉聚苯颗粒等）。

（5）现场喷涂类系统（如喷涂纤维保温系统、喷涂聚氨酯系统）。

4.1.2　外墙内保温的优点

内保温在技术上较为简单、施工方便（无需搭建脚手架），对建筑物外墙垂直度要求不高，具有施工进度快、造价相对较低等优点，在工程中常被采用。

4.1.3　外墙内保温的缺点

结构热桥的存在容易导致局部结露，从而造成墙面发霉、开裂。同时，由于外墙未做外保温，受到昼夜室内外温差变化幅度较大的影响，热胀冷缩现象特别明显，在这种反复变化的应力作用下，内保温体系始终处于不稳定的状态，极易发生空鼓和开裂现象。

4.2　外墙外保温

外墙外保温是在主体墙结构外侧，在粘结材料的作用下固定一层保温材料，并在保温材料的外侧用玻璃纤维网加强并涂刷粘结浆料，从而达到保温隔热的效果。目前我国对外墙外保温技术的研究开发已较为成熟，外墙外保温技术可分为 EPS 板薄抹灰外墙外保温系统、胶粉 EPS 颗粒保温浆料外墙外保温系统、EPS 板现浇混凝土外墙外保温系统、EPS 钢丝网架板现浇混凝土外墙外保温系统、机械固定 EPS 钢丝网架板外墙外保温系统五大类。2007 年发布的《硬泡聚氨酯保温防水工程技术规范》（GB 50404—2007）将硬泡聚氨酯外墙外保温工程纳入其中。近几年，外墙外保温技术发展迅速，岩棉外墙外保温系统、XPS 板外墙外保温系统、预制保温板外墙外保温系统、保温装饰一体化外墙外保温系统、夹芯外墙外保温系统等应运而生。外墙外保温技术不是几种材料的简单组合，而是一个有机结合的系统。外墙外保温技术体系融保温材料、粘结材料、耐碱玻纤网格布、抗裂材料、腻子、涂料、面砖等材料于一体，通过一定的技术工艺和做法集合而成。一般分为六层或七层，其中保温材料又可分为模塑聚苯板、挤塑聚苯板、聚氨酯等多种材料；粘结材料一般由胶粘剂、水泥、石英砂组成，按拌和方式分为双组分、单组分砂浆，按使用位置不同，按一定比例组合可成粘结砂浆、抗裂砂浆；面层根据需要，可以是涂料、面砖等；外墙外保温构造形式可分为薄抹灰外墙外保温系统、预制面层外墙外保温系统、有网现浇外墙外保温系统、无网现浇外墙外保温系统等多种形式，各种材料的组合形成不同的外墙外保温构造，外墙外保温系统的质量不仅仅取决于各种材料的质量，更取决于各种材料是否相互融合。

4.2.1　主要墙体外保温体系

1. 膨胀聚苯板（EPS 板）薄抹灰外墙外保温系统

膨胀聚苯板（EPS 板）是以聚苯乙烯树脂为主要原料，经发泡剂发泡而成的、内部具有无数封闭微孔的材料。其特点是综合投资低、防寒隔热、热工性能高、吸水率低、保温性好、隔声性好、没有冷凝点、对建筑主体长期保护。但其燃点低、烟毒性高、防火性能差、自身强度不高。因其优势突出，近 2 年的市场中，许多保温材料生产厂家对 EPS 保温板进行技术改良，极大地提升了其防火性能。

膨胀聚苯板（EPS 板）薄抹灰外墙外保温系统主要由胶粘剂（粘结砂浆）、EPS 保温板（模塑聚苯乙烯泡沫塑料板）、抹面胶浆（抗裂砂浆）、耐碱网格布、以及饰面材料（耐水腻子、涂料）构成，施工时可利用锚栓辅助固定。构造图如图 4-2 所示：

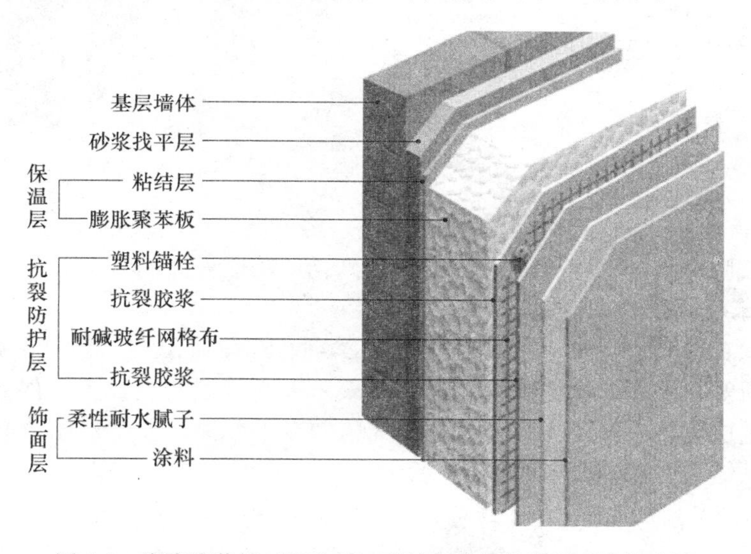

图 4-2　膨胀聚苯板（EPS 板）薄抹灰外墙外保温系统构造图

EPS 板宽度不宜大于 1200mm，高度不宜大于 600mm。EPS 板薄抹灰系统的基层表面应清洁，无油污、脱模剂等妨碍粘结的附着物。凸起、空鼓和疏松部位应剔除并找平。找平层应与墙体粘结牢固，不得有脱层、空鼓、裂缝，面层不得有粉化、起皮、爆灰等现象。粘贴 EPS 板时，应将胶粘剂涂在 EPS 板背面，涂胶粘剂面积不得小于 EPS 板面积的 40%。EPS 板应按顺砌方式粘贴，竖缝应逐行错缝。EPS 板应粘贴牢固，不得有松动和空鼓现象。墙角处 EPS 板应交错互锁。门窗洞口四角处 EPS 板不得拼接，应采用整块 EPS 板切割，EPS 板接缝应离开角部至少 200mm。

2. 挤塑聚苯板（XPS 板）薄抹灰外墙外保温系统

作为膨胀聚苯板薄抹灰外墙外保温系统技术的延伸发展，近年来以 XPS 板（挤塑聚苯乙烯泡沫塑料板）作为保温层的 XPS 板薄抹灰外墙外保温系统，也在工程中得到了大量应用，并且在瓷砖饰面系统中用量较大。

挤塑聚苯板是以 XPS 板为保温材料，采用粘钉结合的方式将 XPS 板固定在墙体的外表面上，聚合物胶浆为保护层，以耐碱玻璃纤维网格布为增强层，外饰面为涂料或面砖的外墙外保温系统。其特点是综合投资低、防寒隔热、热工性能略好于 EPS，保温效果好、隔声好、对建筑主体长期保护，可提高主体结构耐久性，避免墙体产生冷桥，防止发霉。缺点是燃点低，防火性能较差，需设置防火隔离带，施工工艺要求较高，一旦墙面发生渗漏水，难以修复，其透气性极差，烟毒性高。目前 XPS 板材在我国外墙外保温的市场份额逐渐增大，但将其应用于外墙外保温系统时，应当解决 XPS 板材的可粘结性、尺寸稳定性、透气性以及耐火性等。其构造图如图 4-3 所示：

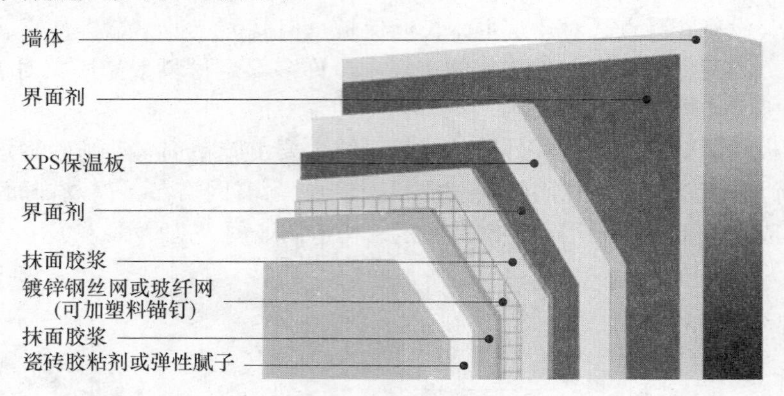

图 4-3　挤塑聚苯板（XPS 板）薄抹灰外墙外保温系统构造图

对于 XPS 板薄抹灰外墙外保温系统的使用一定要有严格的质量控制措施，如严格控制陈化时间，严禁用再生料生产 XPS 板，XPS 板双面要喷刷界面剂等。

3. 胶粉聚苯颗粒保温浆料外墙外保温系统

胶粉聚苯颗粒保温浆料外墙外保温系统以及类似技术的无机保温浆料（如玻化微珠、膨胀珍珠岩、蛭石等）外墙外保温系统，以胶粉聚苯颗粒保温浆料或无机保温浆料作为保温层，可直接在基层墙体上施工，整体性好，无需胶粘剂粘贴，但基层墙体必须喷刷界面砂浆，以增加其粘结力。其构造图如图 4-4 所示：

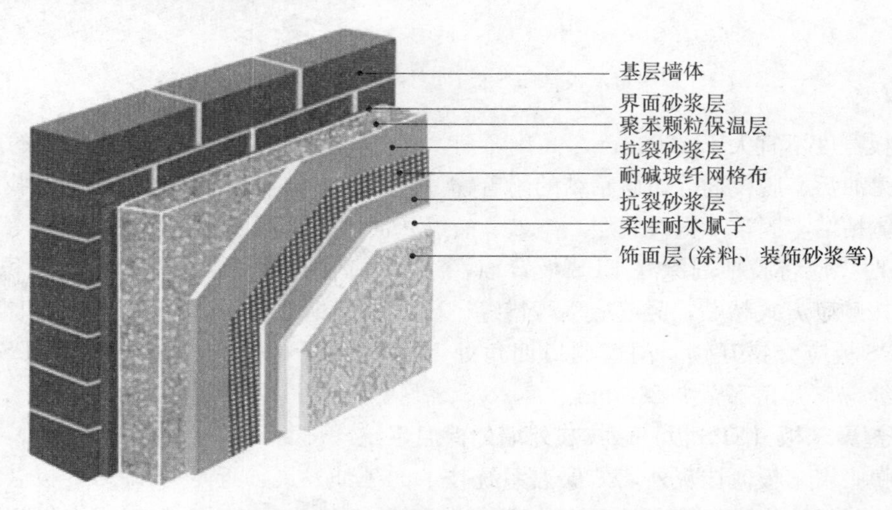

图 4-4　胶粉聚苯颗粒保温浆料外墙外保温系统构造图

胶粉聚苯颗粒保温浆料与无机保温浆料的燃烧性能要优于 EPS/XPS 板，防火性能好；不利之处是产品导热系数大，很难满足更高的节能要求。另外，浆料类保温材料吸水率高、干缩变形大，湿作业施工后浆料的各项技术指标与理论计算数据或实验室测得数据有较大差异。这种做法若达到计算保温层厚度的要求，施工遍数多、难度大、工期长、费用高，极易出现偷工减料的问题，严重影响工程质量和保温效果，难以达到建筑节能设计标准的要求。

4. EPS 板现浇混凝土外墙外保温系统

以现浇混凝土外墙作为基层，EPS 板为保温层。EPS 板内表面（与现浇混凝土接触的表面）沿水平方向开有矩形齿槽，内、外表面均满涂界面砂浆。施工时将 EPS 板置于外模板内侧，并安装锚栓作为辅助固定件。浇灌混凝土后，墙体与 EPS 板及锚栓结合为一体。EPS 板表面抹抗裂砂浆薄抹面层，薄抹面层中满铺玻纤网，外表以涂料为饰面层。其构造如图 4-5 所示：

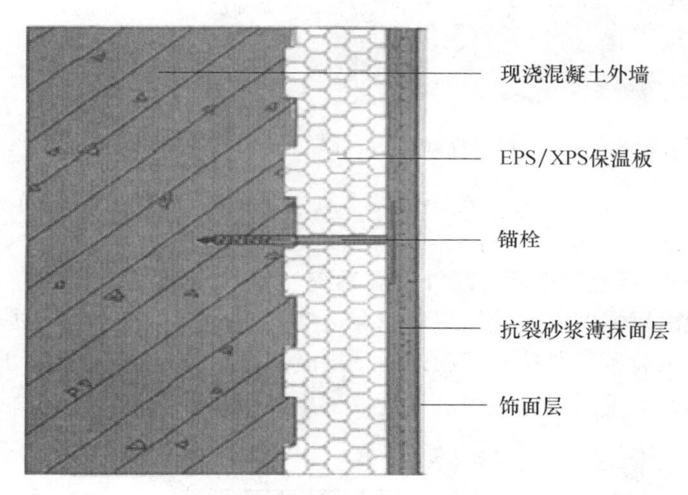

图 4-5　EPS 板现浇混凝土外墙外保温系统构造图

无网现浇系统 EPS 板两面必须预先喷刷界面砂浆。锚栓每平方米宜设 2～3 个。水平抗裂分隔缝宜按楼层设置。垂直抗裂分隔缝宜按墙面面积设置，在板式建筑中不宜大于 30m^2，在塔式建筑中可视具体情况而定，宜留在阴角部位。应采用钢制大模板施工。混凝土一次浇筑高度不宜大于 1m，混凝土需振捣密实均匀，墙面及接茬处应光滑、平整。混凝土浇筑后，EPS 板表面局部不平整处宜抹胶粉 EPS 颗粒保温浆料修补和找平，修补和找平处厚度不得大于 10mm。

5. EPS 钢丝网架板现浇混凝土外墙外保温系统

以现浇混凝土外墙作为基层，EPS 单面钢丝网架板置于外模板内侧，并安装 ϕ6 钢筋作为辅助固定件。浇灌混凝土后，EPS 单面钢丝网架板挑头钢丝和 ϕ6 钢筋与混凝土结合为一体。EPS 单面钢丝网架板表面抹掺外加剂的水泥砂浆形成抗裂砂浆厚抹面层，外表做饰面层。以涂料为饰面层时，应加抹玻纤网抗裂砂浆薄抹面层。其构造如图 4-6 所示：

EPS 单面钢丝网架板每平方米斜插腹丝不得超过 200 根，斜插腹丝应为镀锌钢丝，板两面应预先喷刷界面砂浆。有网现浇系统 EPS 钢丝网架板厚度、每平方米腹丝数量和表面荷载值应通过试验确定。EPS 钢丝网架板构造设计和施工安装应考虑现浇混凝土侧压力影响，抹面层厚度应均匀，钢丝网应完全包覆于抹面层中。ϕ6 钢筋每平方米宜设 4 根，锚固

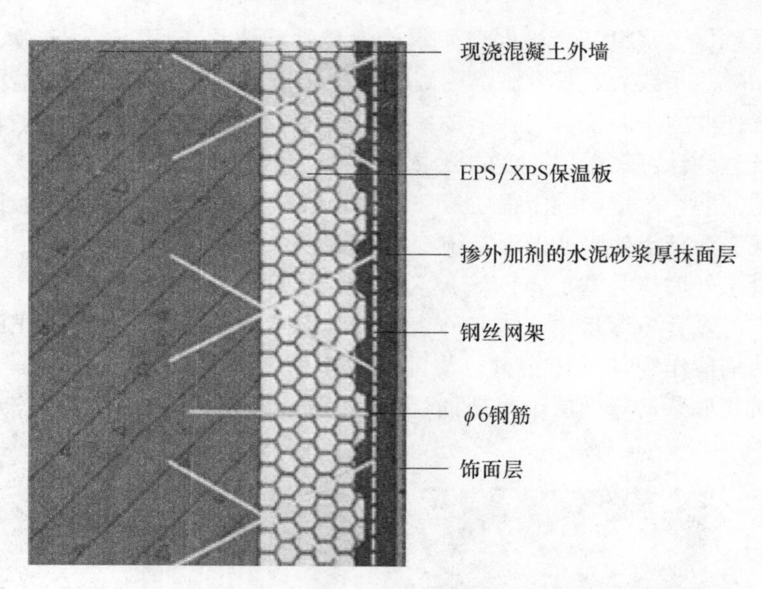

图 4-6 EPS 钢丝网架板现浇混凝土外墙外保温系统构造图

深度不得小于 100mm。混凝土一次浇筑高度不宜大于 1m，混凝土需振捣密实均匀，墙面及接茬处应光滑、平整。

6. 机械固定 EPS 钢丝网架板外墙外保温系统

机械固定系统由机械固定装置、腹丝非穿透型 EPS 钢丝网架板（SB1 板）、抹掺外加剂的水泥砂浆形成的抗裂砂浆厚抹面层和饰面层构成。以涂料为饰面层时，应加抹玻纤网抗裂砂浆薄抹面层。机械固定系统不适用于加气混凝土和轻集料混凝土基层。其构造图如图 4-7 所示：

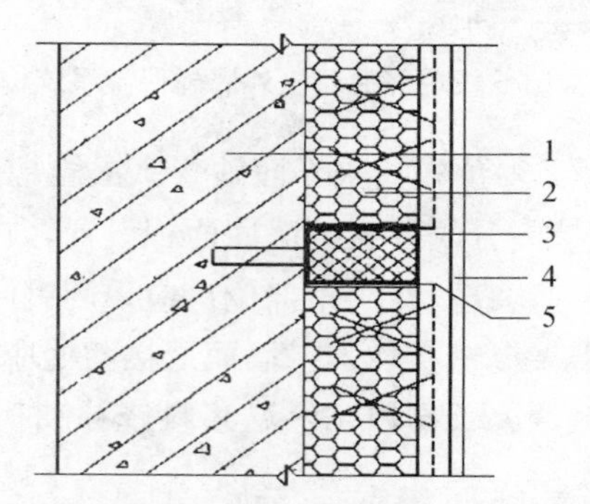

1.基墙; 2.EPS钢丝网架板; 3.抹掺外加剂的水泥砂浆形成的抗裂砂浆厚抹面层; 4.饰面层; 5.机械固定装置

图 4-7 机械固定 EPS 钢丝网架板外墙外保温系统构造图

腹丝插入 EPS 板中深度不应小于 35mm，未穿透厚度不应小于 15mm。腹丝插入角度应保持一致，误差不应大于 3 度。板两面应预先喷刷界面砂浆。钢丝网与 EPS 板表面净距不应小于 10mm。

7. 喷涂硬泡聚氨酯外墙外保温系统

喷涂硬泡聚氨酯外墙外保温系统采用现场发泡、现场喷涂的方式，将硬泡聚氨酯（PU）喷于外墙外侧，一般由基层、防潮底漆层、现场喷涂硬泡聚氨酯保温层、专用聚氨酯界面剂层、抗裂砂浆层、饰面层构成。其构造形式如图 4-8 所示：

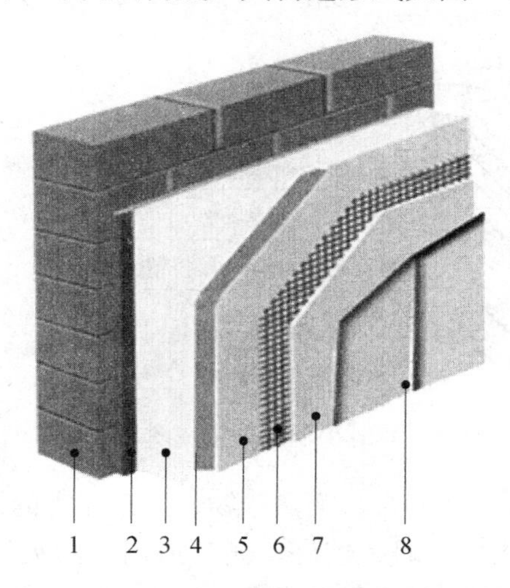

图 4-8　喷涂硬泡聚氨酯外墙外保温系统构造图

其特点是防水保温一体化，连续喷涂无接缝，施工速度快；能够彻底解决墙体防水保温问题，性价比很高；聚氨酯是常用保温材料里热工性能最好的材料，其质量轻、保温效果好、隔声效果好、耐老化，对建筑主体有长期的保护，提高主体结构的耐久性。缺点是防火性能较差，大多数情况下根据相关规定及规范需设置防火隔离带，但聚氨酯是热固性材料，系统形成后系统的防火性能要远远优于 EPS（XPS）薄抹灰外墙外保温系统，系统构造措施合理时系统的防火等级可达到 A 级；现场喷涂，受气候条件影响较大，尤其在低温时系统的造价有显著的增加。

8. 保温装饰一体化外墙外保温系统

保温装饰一体化外墙外保温系统是近年来逐渐兴起的一种新的外墙外保温做法，它的核心技术特点，就是通过工厂预制成型等技术手段，将保温材料与面层保护材料（同时带有装饰效果）复合而成，具有保温和装饰双重功能。施工时可采用聚合物胶浆粘贴、聚合物胶浆粘贴与锚固件固定相结合、龙骨干挂/锚固等方法。

保温装饰一体化外墙外保温系统的产品构造形式多样：保温材料可是 XPS、EPS、PU 等有机泡沫保温材料，也可以是无机保温板。面层材料主要有天然石材（如大理石等）、彩色面砖、彩绘合金板、铝塑板、聚合物砂浆＋涂料或真石漆、水泥纤维压力板（或硅钙板）＋氟碳漆等。复合技术一般采用有机树脂胶粘贴加压成型，或聚氨酯直接发泡粘贴，也有采用聚合物砂浆直接复合的。如图 4-9 所示。

保温装饰一体化外墙外保温系统具有采用工厂化标准状态下预制成型、产品质量易控制、产品种类多样、装饰效果丰富、可满足不同外墙的装饰要求，同时具有施工便利、工期短、工序简单、施工质量有保障等优点。

另外，保温装饰一体化外墙外保温系统多为块体、板体结构，现场施工时，存在嵌缝、勾缝等技术问题，嵌缝、勾缝材料与保温材料、面层保护材料的适应性以及嵌缝、勾缝材料本身的耐久性都是决定保温装饰一体化外墙外保温系统成败的关键。

9. 其他外墙外保温体系

（1）岩棉板保温系统：以岩棉为主作为外墙外保温材料与混凝土浇筑一次成型或采用钢

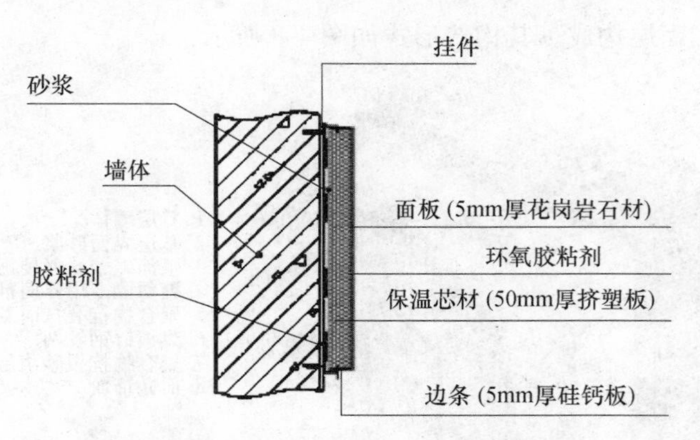

图 4-9　保温装饰一体化外墙外保温系统构造图

丝网架机械锚固件进行岩棉板锚固。岩棉是一种来自天然矿物、无毒无害的绿色产品，后经工业化高温熔炼成丝的产品。其防火性能好、耐久性好，尤其适用于防火等级要求高的建筑。目前岩棉在墙体保温应用中存在的主要问题是材料本身的强度小，施工性较差，特别是岩棉吸水、受潮后就会严重影响其保温效果，甚至出现墙体霉变、空鼓脱落现象，因此对施工的工艺要求较高。

（2）酚醛板外墙外保温体系：所用主体材料酚醛板遇到明火会表面碳化，隔离热源，不产生有毒气体、不产生粉尘，并且在无明火状态下，酚醛板材不会自燃。此系统防寒隔热、热工性能高、保温效果好、耐久性好、隔声效果好，保温材料本身的防火等级为 B1 级，100m 高度内住宅建筑无须设置防火隔离带。主要缺点是酚醛板应用技术不够成熟、完善，且无相关规范及性能指标；综合造价较高。

（3）泡沫玻璃保温系统：泡沫玻璃是由碎玻璃、发泡剂、改性添加剂等，经过细粉碎和均匀混合后，再经过高温熔化、发泡、退火制成。泡沫玻璃是一种性能优越、绝热防潮、防火保温的装饰材料，A 级不燃烧与建筑物同寿命。目前最大问题是成本极高，降低成本成为其推广应用的关键。

（4）发泡陶瓷保温板保温系统：发泡陶瓷保温板是以陶土尾矿、陶瓷碎片、河道淤泥、掺加料等作为主要原料，采用先进的生产工艺和发泡技术经高温焙烧而成的高气孔率的闭孔陶瓷材料。产品适用于工业耐火保温、建筑外墙防火隔离带、建筑自保温冷热桥处理等场合。产品防火阻燃，变形系数小，抗老化，性能稳定，生态环保性好，与墙基层和抹面层相容性好，安全稳固性好，可与建筑物同寿命。更重要的是材料防火等级为 A1 级，克服了有机材料怕明火、易老化的致命弱点，填补了建筑无机防火保温材料的国内空白，但其保温性能欠缺，不能单独用于外墙保温使用。

4.2.2　墙体外保温体系的优点

1. 提高主体结构的耐久性

采用外墙外保温时，内部的砖墙或混凝土墙将受到保护。室外气候不断变化引起墙体内部较大的温度变化发生在外保温层内，使内部的主体墙冬季温度提高，湿度降低，温度变化较为平缓，热应力减少，因而主体墙产生裂缝、变形、破损的危害大为减轻，寿命得以大大延长。大气破坏力如：雨、雪、冻、融、干、湿等对主体墙的影响也会大大减轻。事实证明，只要墙体和屋面保温材料选择适当，厚度合理，施工质量好，外保温可有效防止和减少墙体和屋面的温度变形，从而有效地提高主体结构的耐久性。

2. 改善人居环境的舒适度

在进行外保温后，由于内部的实体墙热容量大，室内能蓄存更多的热量，使诸如太阳辐射或间歇采暖造成的室内温度变化减缓，室温较为稳定，生活较为舒适；也使太阳辐射得热、人体散热、家用电器及炊事散热等因素产生的“自由热”得到较好的利用，有利于节能。而在夏季，外保温层能减少太阳辐射热的进入和室外高气温的综合影响，使外墙内表面温度和室内空气温度得以降低。可见，外墙外保温有利于使建筑冬暖夏凉。室内居民实际感受到的温度即为室内温度。而通过外保温提高外墙内表面温度使室内的空气温度有所降低，也能得到舒适的热环境。由此可见，在加强外墙外保温、保持室内热环境质量的前提下，适当降低室温，可以减少采暖负荷，节约能源。

3. 可以避免墙体产生热桥

外墙既要承重又要起保温作用，外墙厚度必然较厚。采用高效保温材料后，墙厚可以减薄。但如果采用内保温，主墙体越薄，保温层越厚，热桥的问题就越趋于严重。在寒冷的冬天，热桥不仅会造成额外的热损失，还可能使外墙内表面潮湿、结露、甚至发生霉变和淌水，而外保温则可以避免这种问题出现。由于外保温避免了热桥，在采用同样厚度的保温材料条件下，外保温要比内保温的热损失减少，从而节约了热能。

4. 可以减少墙体内部结露的可能性

外保温墙体的主体结构温度高，所以相应的饱和蒸汽压高，不易使墙体内部的水蒸气凝结成水，而内保温的情况正好相反，在主体结构与保温材料的交接处易产生结露现象，降低了保温效果，还会因冻融造成结构的破坏。

5. 优于内保温的其他功能

（1）采用内保温的墙面上难以吊挂物件，甚至设置窗帘盒、散热器都相当困难。在旧房改造时，存在使用户增加搬动家具、施工扰民、甚至临时搬迁等诸多麻烦，产生不必要的纠纷，还会因此减少使用面积，外保温则可以避免这些问题的发生。

（2）我国目前许多住户在入住新房时，先进行装修。而装修时，房屋内保温层往往遭到破坏。采用外保温则不存在这个问题。外保温有利于加快施工进度。如果采用内保温，房屋内部装修、安装暖气等作业，必须等待内保温做好后才能进行。但采用外保温，则可与室内工程平行作业。

（3）外保温可以使建筑更美观，只要做好建筑的立面设计，建筑外貌会十分出色。特别在旧房改造时，外保温能使房屋面貌大为改观。

（4）外保温适用范围十分广泛。既适用于采暖建筑，又适用于空调建筑；既适用于民用建筑，又适用于工业建筑；既可用于新建建筑，又可用于既有建筑；既能在低层、多层建筑中应用，又能在中高层、高层建筑中应用；既适用于寒冷和严寒地区，又适用于夏热冬冷地区和夏热冬暖地区。

（5）外保温的综合经济效益很高。虽然外保温工程每平方米造价比内保温工程相对要高一些，但技术选择适当，单位面积造价高的并不多。特别是由于外保温比内保温增加了使用面积近2%，实际上使单位使用面积造价得到降低。

4.2.3 墙体外保温体系的缺点

由于外保温具有以上的优点，所以外墙外保温技术在许多国家得到长足发展。现在，在一些发达国家，往往有几十种外墙外保温体系争奇斗艳，使其保温效果越来越好，建筑质量日益提高。但是，外墙外保温结构的保温层与外界环境直接接触，没有主体结构的保护，这就产生了很多影响保温层的保温效果和寿命的问题，只有充分了解和掌握外墙外保温的这些薄弱环节，才能使外墙外保温的优点体现出来，从而促进外墙外保温技术的进一步发展。

1. 防火问题

尽管保温层处于外墙外侧，尽管采用了自熄性聚苯乙烯板，防火处理仍不容忽视。在房屋内部发生火灾时，大火仍然会从窗户洞口往外燃烧，波及窗口四周的聚苯保温层，如果没有相当严密的防护隔离措施，很可能会造成火灾灾害，火势在外保温层内蔓延，以至将整个保温层烧掉。

2. 抗风压问题

越是建筑高处，风力越大，特别是在背风面上产生的吸力，有可能将保温板吸落。因此，对保温层应有十分可靠的固定措施。要计算当地不同层高处的风压力，以及保温层固定后所能抵抗的负风压力，并按标准方法进行耐负风压检测，以确保在最大风荷载时保温层不致脱落。

3. 贴面砖脱落问题

所有的面砖粘结层必须能经受住多年风雨侵蚀、温度变化而始终保持牢固，否则个别面砖掉落伤人，后果将不堪设想。

4. 墙体外表面裂缝及墙体潮湿问题

外保温面层的裂缝是保温建筑的质量通病中的重症，防裂是墙体外保温体系要解决的关键技术之一，因为一旦保温层、保护层发生开裂，墙体保温性能就会发生很大的变化，非但满足不了设计的节能要求，甚至会危及墙体的安全。保温墙体裂缝的存在，降低了墙体的质量，如整体性、保温性、耐久性和抗震性能。

4.3 墙体自保温

外墙自保温是指墙体自身的材料具有节能阻热的功能，通过选择合适的保温材料和墙体厚度的调整即可达到节能保温的目的，常见的自保温材料有：蒸汽加压混凝土、页岩烧结空心砌块、陶粒自保温砌块、泡沫混凝土砌块、轻型钢丝网架聚苯板等。其构造如图 4-10 所示：

4.3.1 墙体自保温的优点

外墙自保温体系的优点是将围护结构和保温隔热功能结合，无需附加其他保温隔热材料，能满足建筑的节能标准，同时外墙自保温体系的构造简单、技术成熟、省工省料，与外墙其他保温系统相比，无论从价格还是技术复杂程度上都有明显的优势，建筑全寿命周期内的维护成本费用更低。

4.3.2 墙体自保温的缺点

虽然外墙自保温体系具有许多优势，但就像其他的新兴技术一样，在其广泛应用之前都

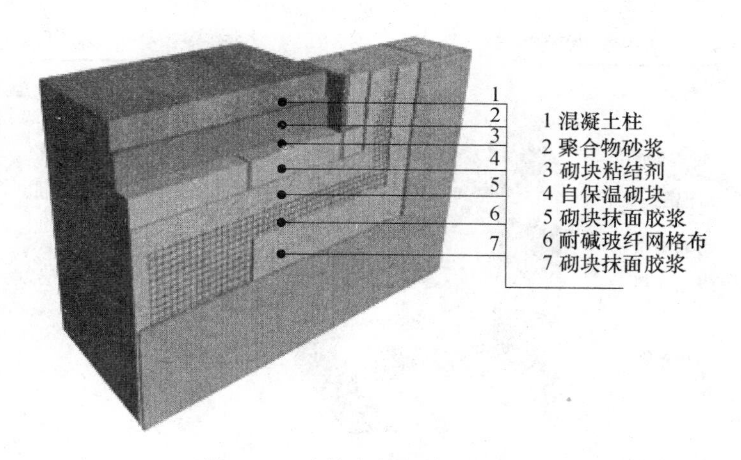

图 4-10　墙体自保温体系构造图

会存在一些细节问题，诸如自保温体系的设计标准、施工规程以及新型的自保温材料的开发和性能改进。

4.4　墙体夹芯保温

外墙夹芯保温技术是将保温材料设置在外墙中间，有利于较好地发挥墙体本身对外界环境的防护作用，做法就是将墙体分为承重和保护部分，中间留一定的空隙，内填无机松散或块状保温材料如炉渣、膨胀珍珠岩等，也可不填材料做成空气层。对保温材料的材质要求不高，施工方便，但墙体较厚，减少使用面积。采用夹芯保温时，圈梁、构造柱由于一般是实心的，难以处理，极易产生热桥，保温材料的效能得不到充分发挥。由于填充保温材料的沉降、粉化等原因，内部易形成空气对流，也降低了保温效能。在非严寒地区，采用夹芯保温的外墙与传统墙体相比偏厚。因内外侧墙体之间需有连接件连接，构造较传统墙体复杂，施工相对比较困难。夹芯保温墙体的抗震性能比较差，建筑高度受到限制。因保温材料两侧的墙体存在很大的温度差，会引发内外墙体比较大的变形差，进而会使墙体多处发生裂缝及雨水渗漏，破坏建筑物主体结构。此种墙体有一定的保温性能，但其缺点也是非常明显的，其应用范围受到很大的约束。

4.5　墙体内外组合保温

内外组合保温是指，在外保温操作方便的部位采用外保温，外保温操作不便的部位采用内保温[13]。其构造形式如图 4-11 所示：

内外组合保温从施工操作上看，能够有效提高施工速度，对外墙内保温不能保护到的热桥部分进行了有效的保护，使建筑物处于保温中。然而，外保温做法使墙体主要受室温影响，产生的温差变形较小；内保温做法使墙体主要受室外温度影响，因而产生的温差变形也就较大。

采用内外保温结合的组合保温方式，容易使外墙的不同部位产生不同速度和尺寸的变形，使结构处于更加不稳定状态，经年温差必将引起结构变形、产生裂缝，从而缩短建筑物的寿命。因此，内外混合保温做法结构要谨慎采用。

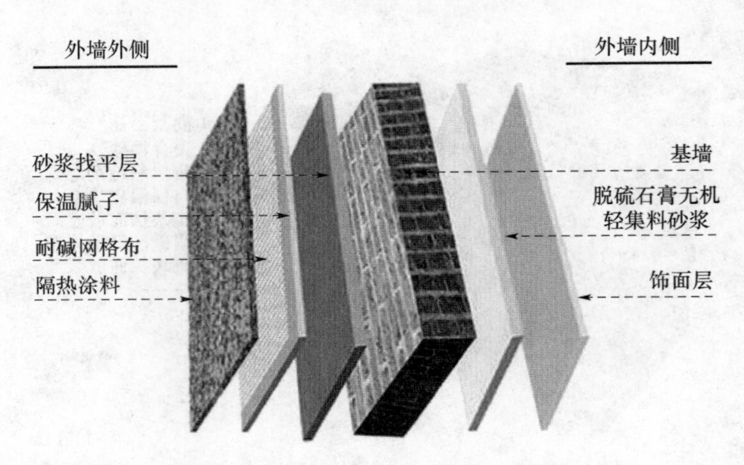

图 4-11　墙体内外组合保温系统构造图

参考文献

[1] 天津大学管理学院．建筑节能理论与发展专题研究报告［R］，2009：337-338.

[2] 王海，尹万民．外墙保温技术在建筑节能中的应用［J］，建筑节能，2008（36）：13-16.

[3] 李百益．建筑围护结构墙体保温节能技术的研究［D］．西安：西安科技大学，2009：16-17.

[4] 孙进磊．外墙外保温技术的发展及应用研究［D］．天津：天津大学，2008：1-10.

[5] 郝先成．节能型外墙保温隔热材料系统研制与应用［D］．武汉：武汉理工大学，2006：1-20.

[6] 杨杰．建筑外墙外保温节能管理研究——基于山东省分析［D］．天津：天津大学，2010：15-40.

[7] 马保国．外墙外保温技术［M］，北京：化学工业出版社，2008：183-187.

[8] 吕芹章，杨丽．几种不同外墙外保温体系综述［J］，建筑节能，2009（3）：46-47.

[9] 邱勇．建筑外墙自保温材料及体系研究［D］．杭州：浙江大学，2007：1-17.

[10] 刘凌．多层住宅自保温建筑构造体系研究［D］．西安：西安建筑科技大学，2011：8-15.

[11] 赵玲玲．自保温墙体热工性能研究［D］．马鞍山：安徽工业大学，2014：1-12.

[12] 王永亮．无机保温材料在外墙外保温体系中的应用与研究［D］．兰州：兰州理工大学，2011：7-15.

[13] 何莉莎．夏热冬冷地区内容综合保温体系节能效果分析——基于间歇式分室用能模式［D］．杭州：浙江大学，2015：4-10.

第5章　保温材料

保温材料（Thermal insulating material）是指对热流具有显著阻抗性的材料或材料复合。材料保温性能的好坏，由材料的导热系数λ的大小决定，导热系数越小，保温性能就越好。一般将导热系数不大于0.23W/（m·K）的材料称为绝热材料，通常将其中导热系数λ值小于0.14W/（m·K）的绝热材料称为保温材料，将导热系数λ值在0.05 W/（m·K）以下的材料称为高效保温材料。统计表明，建筑中每使用一吨矿物棉绝热制品，一年可节约一吨石油。工业设备与管道采用良好的绝热措施与材料，可显著降低生产能耗和成本，改善环境，同时有较好的经济效益。

20世纪70年代后，随着能源危机的发生，国外普遍重视保温材料的生产和在建筑中的应用，力求大幅度减少能源的消耗量，从而减少环境污染和温室效应。国外保温材料工业已经有很长的历史，建筑节能用保温材料占绝大多数，如美国从1987年以来建筑保温材料占所有保温材料81%左右，瑞典及芬兰等欧州国家80%以上的岩棉制品用于建筑节能。国外一些发达国家早在20世纪70年代末就已经开始了建筑节能的工作，强制建筑业在新建建筑中执行节能标准，美国在1975年第一次颁布了ASHRAE（美国采暖、制冷及空调工程协会）标准（90—75）。以此为基础，1977年12月官方正式颁布了《新建筑物结构中的节能法规》，并在45个州内收到很明显的节能效果。美国国家能源局、标准局及全国建筑法规和标准大会，不断地在建筑节能设计等方面提出新的内容，每5年便对ASHRAE标准进行一次修订。

发达国家对建筑节能的重视和采取的一些行之有效的措施，取得了巨大的成效，使这些国家的建筑能耗大幅度下降。如丹麦1985年比1972年采暖面积增加了30%，但采暖能耗却减少了318万吨标准煤，采暖能耗占全国总能耗的比重，也由39%下降为28%；美国自从制定和执行一部节能标准至今已节约了大量资金。由此可见，国外的建筑节能法规30多年来取得了显著的社会效益和经济效益。建筑节能不仅仅是建筑节能法规的颁布执行，它的实现还涉及一个庞大的产业群体，其中保温隔热材料与制品是影响建筑节能的一个重要的影响因素。建筑保温材料的研制与应用越來越受到世界各国的普遍重视，新型保温材料正在不断地涌现。

保温材料的种类很多，分类方法也很多。目前常用的分类方法有：材质、形态、密度、使用温度、应用领域、用途六类。如表5-1所示。

表5-1　保温材料分类简表

序号	分类方法	材料类别
1	材质	无机保温材料、有机保温材料、金属保温材料、复合保温材料四大类
2	形态	粉末状、粒状、纤维状、多孔（微孔、气泡）状、层状等数种

续表

序号	分类方法	材料类别
3	密度	重质（400～600kg/m³）、轻质（150～350 kg/m³）、超轻质（小于 150 kg/m³）三类
4	使用温度	保冷材料（可在 0℃以下使用）、低温保温材料（使用温度在 100℃以下）、中低温保温（使用温度低于 250℃）、中温保温材料（使用温度 250～700℃）、高温保温材料（使用温度 700℃以上）、耐火保温材料（使用温度超过 1 000℃）六类
5	应用领域	建筑保温材料、交通设施保温材料、民用保温材料、国防军工保温材料等
6	用途	建筑墙体屋面保温材料、管道保温材料、窑炉热工设备保温材料、冰箱空调制冷保温材料、交通工具保温材料等

本书将从材质方面入手，详细介绍保温材料的分类、性能及生产方法，以便于设计人员、生产人员和工程应用人员选用。

5.1 无机保温材料

保温层的保温节能效率主要靠保温材料的作用。我国建筑保温节能对保温材料的需求量十分巨大，但任何一种保温材料的资源都是有限的，我国面临的最大难题是经济发展和资源与环保问题，保温节能事业也不例外。有机和无机保温材料在性能与作用上有明显差异，在资源与环保方面，无机保温材料优于有机保温材料，现已有通过科技手段研制的可循环利用的新型高效复合型无机保温材料，以及利用具有保温效果的废弃物研发的保温材料等，这些材料的开发与应用，将促进我国建筑保温节能事业的发展。

无机保温材料按照可加工性可分为硬质保温材料和柔性保温材料，如岩棉制品、玻璃棉制品、玻璃纤维制品、硅酸铝纤维制品、复合硅酸盐绝热制品属柔性无机保温材料；而泡沫水泥、泡沫玻璃、泡沫陶瓷、微晶发泡等属于硬质无机保温材料；保温砂浆属于复合保温材料。

按组成及形状又可分为无机纤维状保温材料，包括岩棉、玻璃棉、矿渣棉等；松散粒状保温材料，包括膨胀蛭石及制品、膨胀珍珠岩及制品；无机多孔保温材料，包括泡沫水泥板、加气混凝土、微孔硅酸钙、纤维增强硅酸钙板、复合硅酸盐板、泡沫玻璃、发泡陶瓷保温板等；玻璃类无机保温材料，包括中空玻璃、真空玻璃、热反射玻璃、吸热玻璃、泡沫玻璃、LOW-E 玻璃等。

无机保温材料按照不同的施工方法还可细分为湿抹式、填充式、绑扎式、包裹缠绕式、砌筑式、装配式等种类。

导热系数 λ 是反映材料的导热能力或保温性能的最主要热物理特性指标。它与材料的内部组成结构、密度、温度、含水率、保温层厚度等物理因素密切相关。一般保温材料的导热系数随温度、含水率、密度的增大而上升，保温效果下降；非晶体结构、密度较低的材料，其导热系数较小；材料的含水率、温度较低时，导热系数较小。

表 5-2 是常见无机保温材料的导热系数及基本参数。

表 5-2　常见无机保温材料导热系数

产品名称	密度（kg/m³）	导热系数（常温）（W/m·K）	抗压强度（MPa）	最高使用温度（℃）	耐水性能
发泡微晶	200	0.08	1.00	1000	耐水
泡沫混凝土	400	0.10	0.60	600	耐水
泡沫陶瓷	160	0.064	0.90	1600	耐水
泡沫玻璃	140	0.058	0.40	400	耐水
岩棉制品	80	0.05	—	450	弱
膨胀珍珠岩制品	250	0.076	0.47	600	耐水
硅酸铝纤维制品	140	0.035	—	1000	弱
复合硅酸盐绝热制品	80	0.055	—	600	弱

下文介绍几种常见无机保温材料的性能及生产方法。

5.1.1 岩（矿）棉板

岩棉板（**Rock Wool**）是以玄武岩及其他天然矿石等为主要原料，经高温熔融成纤，加入适量胶粘剂，固化加工而制成。广泛应用于船舶、冶金、电力、建筑等行业，具有导热系数低、透气性好、隔声效果好、燃烧性能级别高等优势。施工及安装便利、节能效果显著，能充分发挥轻质、燃烧性能达标、保温效果好等优点，具有很高的性能价格比。如图 5-1 所示。

图 5-1　岩棉制品

近年来，欧洲、日本、加拿大、美国等发达国家无论在岩棉制品的生产技术及装备上，还是在生产规模、产品质量以及产品的应用上都有较大的发展。我国的岩棉工业始于 20 世纪 50 年代末，直至 70 年代末才开始形成产业。80 年代可以说是我国岩棉工业发展的大跃进年代，无论是生产规模，还是生产工艺技术都有了较大的进步。到了 21 世纪，随着能源产品价格的快速上涨，国家节能减排政策的陆续出台，以及人们对岩（矿）棉制品应用的认识程度、接受程度的提高，岩（矿）棉的需求量日益扩大；岩（矿）棉行业的总产能逐年快速增长，2008 年全国岩（矿）棉行业的生产总量已达 102.5 万吨，2010 年岩（矿）棉生产量为 161.23 万吨，增长率为 12.43%；2014 年岩（矿）棉生产量为 328.36 万吨，比 2010 年增加了 167.13 万吨，增长率为 23.76%。

岩棉是国内外公认的理想保温材料。岩棉板的生产工艺主要有沉降法、摆锤法和三维法等。

（1）沉降法

沉降法工艺的主要生产流程是高温熔体经离心吹制，形成岩棉纤维，在沉降室的输送带上堆积，达到一定厚度以后，经过加压辊进入固化炉。沉降法岩棉的纤维为平面分布，密度和胶粘剂的均匀性较差，影响板的抗压性能和层间结合强度。

（2）摆锤法

摆锤法岩棉板是在沉降法的基础上，通过改进收棉方法，先由捕集带收集较薄的岩棉层，经摆锤的逐层叠铺，达到一定的层数和厚度，由加压辊进行压制，进入固化炉固化，再经冷却、切割、包装等工序制成成品。这种方法改善了岩棉层及所含胶粘剂的均匀程度，并且由于岩棉层叠铺时产生的斜度，部分纤维呈竖向分布，因而抗压强度和层间结合强度得到提高。在与普通法生产消耗基本相同的条件下，摆锤法能生产出纤维长而细、渣球少、高弹性、高强度、低密度、手感好、外观美的优质岩棉制品。由于摆锤法能生产出纤维三维分布的板毡制品，综合强度比普通法制品有较大的提高，这就拓宽了岩棉制品的用途，为其在建筑上作为墙体材料大量应用创造了条件。

（3）三维法

三维法岩棉板是把摆锤法叠铺形成的未固化岩棉层，通过机械方法改变棉层的分布方向，从而形成高强度的三维岩棉产品，三维法岩棉纤维呈三维分布，抗压强度高，不易分层和剥离。

通过这三种方法生产出来的岩棉板物理性质差别较大，沉降法岩棉板基本上没有抗剥离强度，摆锤法岩棉板的抗剥离强度大于14kPa，三维法岩棉板的抗剥离强度大于22kPa；10%压缩量的压缩强度，沉降法岩棉板不到20kPa，摆锤法岩棉板可达40kPa以上，三维法岩棉板则可达60kPa；采用完全浸入法测定岩棉板的吸水性，沉降法岩棉板的吸水量是其自身质量的几十倍，且吸入的 水分在十几天后也不能完全排除，摆锤法岩棉板的吸水量较小，是其自身质量的几倍，三维法岩棉板的吸水性与聚苯板差不多，吸水率很小。通过试验检验，摆锤法和三维法岩棉板导热系数低，在10℃时其导热系数不大于0.036W/（m·K），吸湿率小于110%，憎水率不小于98%，无毛细渗透。采用这两种工艺生产的岩棉板尺寸极其稳定，无温度变化引起的线性膨胀和收缩。表5-3是三种工艺生产的岩棉板技术性能指标。

表5-3　岩棉板技术性能指标

项目		指标		
		沉降法岩棉	摆锤法岩棉	三维法岩棉
密度（kg/m³）		≥150	≥150	≥150
密度允许偏差（%）		±15	±10	±10
纤维平均直径/μm		≤7	≤7	≤7
导热系数［W/（m·K）］	10℃	—	≤0.036	≤0.036
	50℃	—	≤0.039	≤0.039
	70℃	≤0.044	≤0.041	≤0.041
渣球含量（颗粒直径>0.25mm）（%）		≤12.0	≤6.0	≤6.0
体积吸湿率（%）		≤5.0	≤1.0	≤1.0
体积吸水率（全浸入）（%）		—	≤4.0	≤4.0

续表

项目	指标		
	沉降法岩棉	摆锤法岩棉	三维法岩棉
憎水率（%）	≥98	≥98	≥98
热荷重收缩温度（℃）	≥600	≥650	≥650
有机物含量（%）	≤4.0	≤4.0	≤4.0
抗压强度（10%压缩量）(kPa)	＞10	≥40	≥60
剥离强度（kPa）	＞6	≥14	＞22
燃烧性能等级	A 级	A 级	A 级
适用范围	20m 以下	100m 以下	100m 以下

岩（矿）棉的生产工段通常有原料工段、计量配料工段、熔制工段、原制棉工段、集棉工段、岩（矿）棉板成型工段以及切割及包装工段。原料工段需要选择符合要求的矿渣块料和玄武岩块料进厂，按照矿石品位高低及到货日期的不同，分别在原料棚堆放，为使原料的成分和水分更加均匀，原料堆放普遍采用横码竖切法。原料在堆场堆放时，应以水平方向和一定高度布满整个堆位，每层不能堆放太厚，然后以同样的方法在该层的上面继续堆码。在取用原料时则应与码垛方向垂直或倾斜的断面将各料层均匀切取。

计量配料工段是按照生产控制配比，玄武岩、白云石、矿渣料及焦炭采用动态皮带秤称量，秤前设有振动给料机。原料按预设的参数配比控制并根据原料成分变化进行调整，混合后通过箕斗提升机送入熔化炉。

原料熔制方法主要有火焰池窑熔制法和冲天炉熔制法。火焰池窑熔制法多以重油或天然气为燃料，原料经粉碎混合，用喂料机送入池窑的熔化部，经喷嘴喷入的雾化石油或天然气燃烧后所产生的高温（1500℃左右），将原料熔化并获得熔体。这种熔制方法的优点是熔体质量高，化学组成和温度均匀并且易于控制，可以制得高质量的岩棉。但采用火焰池窑熔制矿渣和岩石时，对燃料和窑炉耐火材料要求较高，设备投资大，窑炉寿命短，燃料费贵，折旧费高，因而熔制成本高于冲天炉熔制法。

图 5-2 为火焰池窑熔制法工艺流程图：

冲天炉采用预热空气（400～550℃）作为焦炭助燃。热空气从炉体下部鼓入，热空气中的氧进入冲天炉内与焦炭发生反应生成 CO_2，在这一区域内空气被反应所放出的热量加热成为烟气，其温度可高达 2000℃以上，该区域以氧化反应为主，所以称为氧化带（或熔化带），向下运动的原料受热熔化成熔体。热烟气继线上升离开氧化带，上述放热反应放出的热量除了和向下移动的原料发生热交换以加热原料外，还有部分热量因烟气中的 CO_2 遇到炽热的焦炭后而发生还原反应被吸收，反应中生成的 CO 使得烟气中的 CO 含量升高，这个区域被称为还原带。烟气通过还原带继续上升，进入物料的预热干燥带，烟气与物料通过热交换，使物料受热干燥并被预热。烟气温度降低到约 150～220℃，最终从冲天炉上部排出。

冲天炉法熔制工艺装备包括冲天炉以及配套烟气焚烧系统（该系统的作用是焚烧烟气，使烟气中 CO 等完全燃烧并达到排放标准，同时利用换热装置提供冲天炉及焚烧炉一定温度的助燃风）、冲天炉冷却水系统、烟气脱硫装置。冲天炉熔制法工艺流程图如图 5-3 所示。

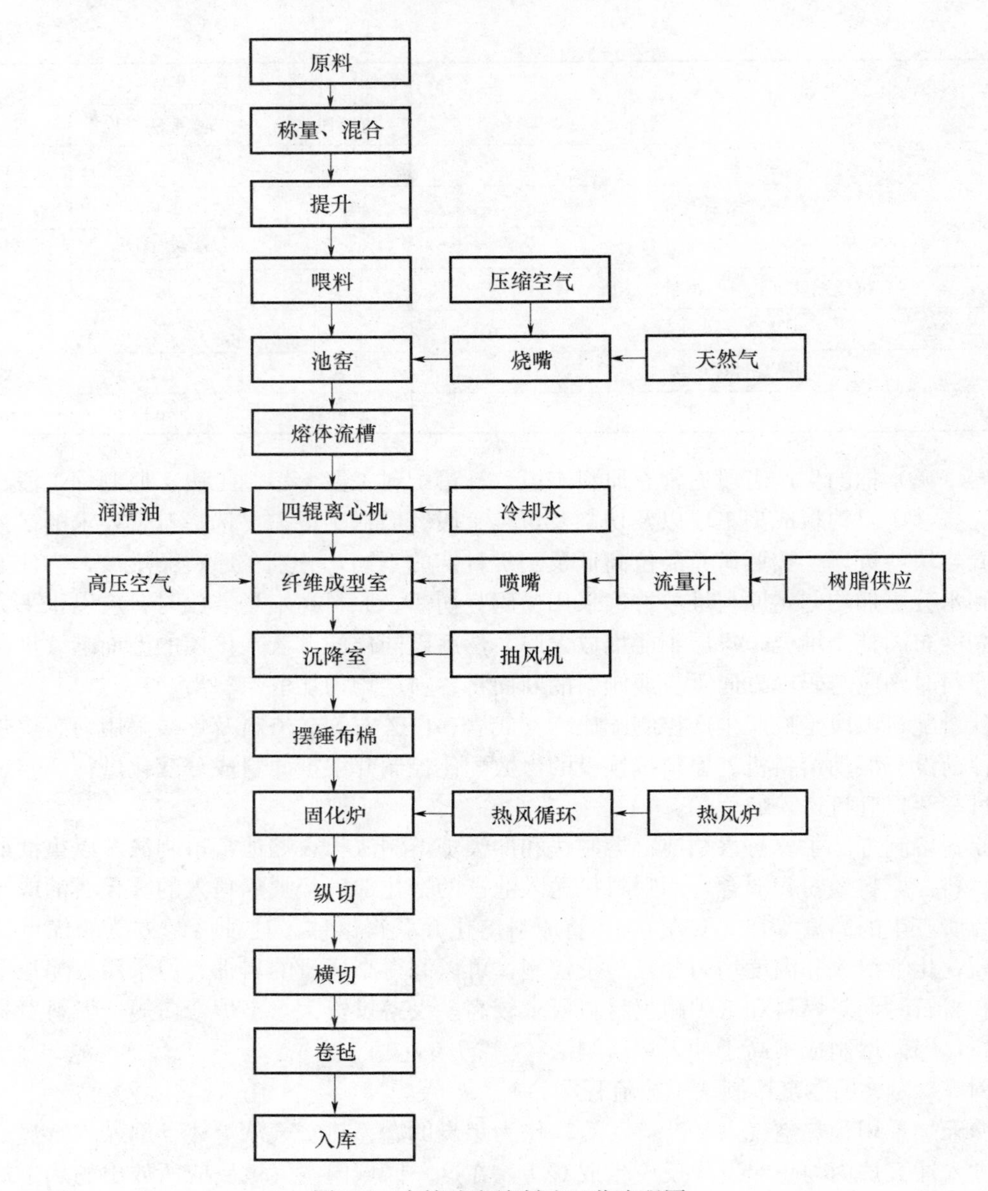

图 5-2　火焰池窑熔制法工艺流程图

制棉工段是熔体流经活动流槽落入四辊离心机，离心机由高速运转的离心辊部件和包络在离心辊外的风环组成，辊轮采用强制水冷却。流入离心机的高温熔体在离心辊的离心力和由风环喷出的高速气流的复合作用下牵伸成纤维，并将纤维吹送至集棉机，纤维在飞越过程中，利用其与渣球的速度差有效地将未成纤的渣球分离出去，同时，采用细雾粒多点喷射方式，将胶粘剂均匀地施加到纤维表面。

集棉工段，含有胶粘剂的纤维在高压风气流、诱导风气流、集棉机负压风气流的作用下，均匀地沉降于集棉机网带上，并高速运行，棉毡经上部出口压辊加压成薄毡，集棉机可调速运行，将厚度均匀的棉毡经过渡输送机送入摆动铺毡工段。

在岩（矿）棉板成型工段，棉毡由集棉机送出，经过渡皮带机，送至摆锤输送机，摆锤输送机由两皮带输送机及一套摆动机构组成，棉毡由其夹送至成型机，形成多层

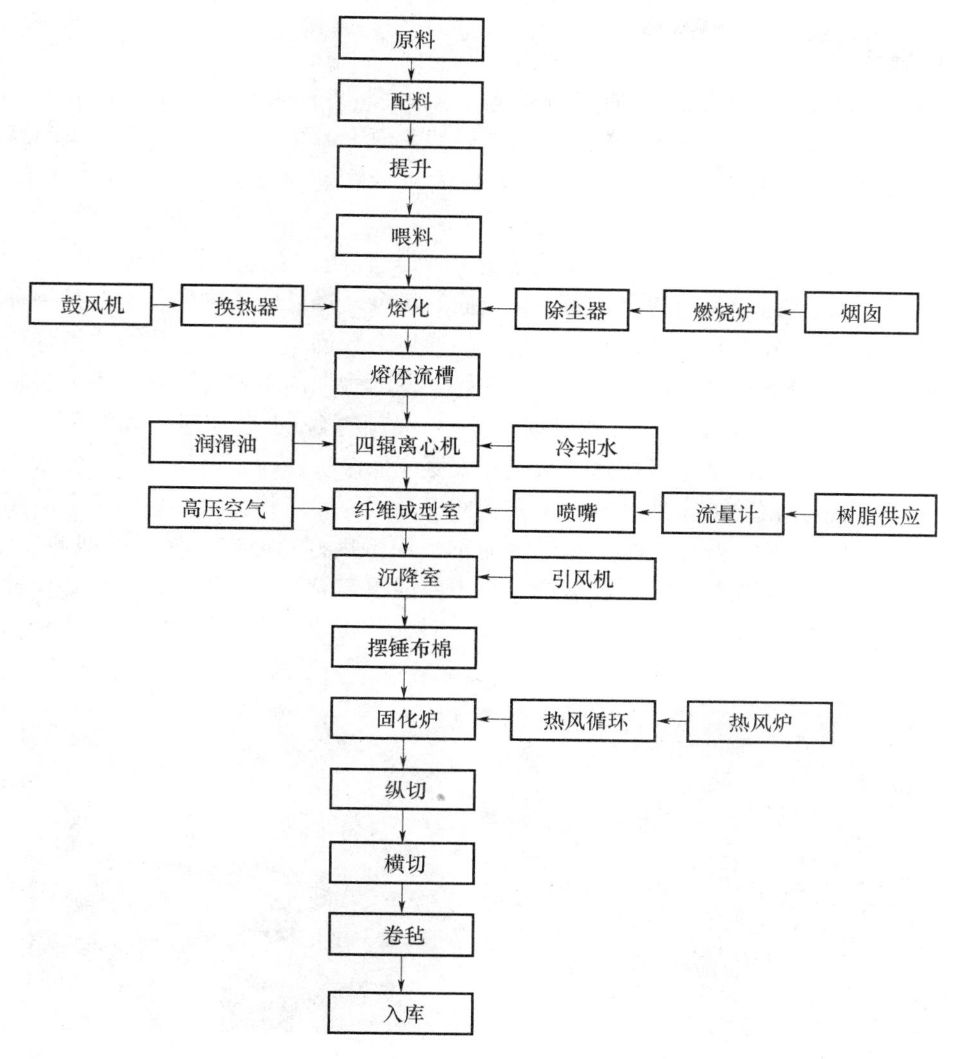

图 5-3　冲天炉法工艺流程图

均匀棉毡，并送至固化系统。在成型机上成型的多层棉毡经加压后进入固化炉。毡层在固化炉内受到上下穿孔链板加压和热风穿透固化，形成一定厚度、密度的岩（矿）棉板、毡。

切割及包装工段由切割段（纵切、横切）、接收站、包装机组成。切割段设有纵切锯，间距可根据产品规格进行调节。长度方向的控制是通过横切锯和自动测长控制器来完成。为了适应不同密度的制品切割，有些切割段设有横切输送机和横切铡刀，前者适合于高密度制品，后者适合于低密度制品，岩（矿）棉经切割后进行包装，包装机采用收缩薄膜自动打包。

在民用建筑，特别是在高层民用建筑中，采用岩棉板作为保温材料时，应该选用压缩强度和抗剥离强度比较大、吸水性比较小的岩棉板，因此，选用三维法岩棉板是最合适的。但是由于三维法工艺比较复杂，岩棉板价格也很高，受其影响，在实际大规模使用时，目前市场多选用价格相对适中的摆锤法岩棉板。

5.1.2 发泡水泥

发泡水泥（**Foam Cement**）是通过物理或化学方法将发泡剂与水泥制成一定比例的水泥浆体，通过控制浆体比重、发泡温度等制成需要的发泡水泥浆，然后经过发泡机的泵送系统进行现浇施工或模具成型，经自然养护所形成的一种含有大量封闭气孔的新型轻质保温材料。

作为一种气泡状绝热材料，其主要优点是：（1）轻质。发泡水泥的孔隙率高，干密度小，可应用于非承重的建筑物的内外墙体、屋面等场合，降低建筑物的自重，是一种轻质材料；（2）隔热性好。发泡水泥气孔率高，空气的导热系数远小于水泥水化产物，降低了热传导，起到了很好的隔热保温作用；（3）耐火性好。发泡水泥的组成材料均为不燃材料，耐火性可达到不燃级别（A级），在发生火灾时，不会燃烧脱落，不会加速火势的蔓延，其耐火性能远远优于广泛应用的聚苯板薄抹灰系统和聚氨酯保温板；（4）整体性好。发泡水泥流动性好，可以采用整体浇筑的方法施工，该方法使保温层与建筑物接触性好，不会有明显的裂缝。即使做成保温板材，与建筑物的粘结性能仍然保持良好。而有机保温板即使有粘结层、网格布等加固装置，如果施工质量有瑕疵，整个保温层容易被大风卷走；（5）环保性好。发泡水泥在高温时不会产生苯、甲醛等有毒气体，对人体无害，并且可以利用工业废渣制作，是一种绿色环保建材。如图5-4所示。

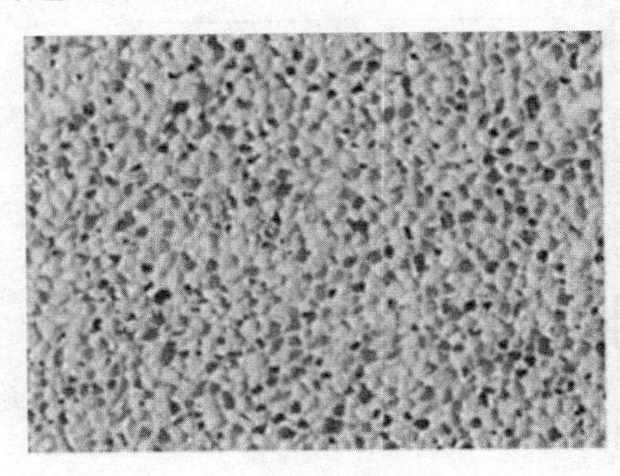

图5-4　发泡水泥

20世纪初，北欧各国及前苏联都曾致力于发泡水泥的技术开发。自此以后，发泡水泥开始较快地发展。20世纪30年代初至50年代初的20年，是发泡水泥工业化技术体系形成的时期。从1946～1958年，前苏联出台了《发泡水泥屋面板》（1781-49）、《厂房屋顶用钢筋发泡水泥大型板》（7741-55）等一系列国家标准，是世界上最早形成发泡水泥制品标准体系的国家，比我国早50多年。1979年，美国人首次将发泡水泥在油田固井方面获得成功，使发泡水泥走出了保温的单一领域，开始向多领域发展。其后，日本将其成功应用于岩土工程的回填。韩国及日本将其应用于地暖保温层。进入21世纪之后，发泡水泥在吸声隔声领域、吸能吸波领域、耐火材料领域等许多新的应用方面研究活跃，并逐步形成了规范化应用。目前，发泡水泥的应用领域已达20多个，并由民用扩展到军用、航空、工业应用等高端领域，为它未来的发展开辟了宽阔的道路。

发泡水泥的原料主要包括无机胶凝材料、填充料、发泡（或引气）剂、纤维以及其他外加剂等。

（1）无机胶凝材料

发泡水泥中用的无机胶凝材料主要有普通硅酸盐水泥、快硬硅酸盐水泥、高铝水泥以及硫铝酸盐水泥、氯氧镁水泥、石膏等。无机胶凝材料是水泥发泡保温板强度的主要来源，使用不同种类的胶凝材料主要是为了保证发泡水泥的水化速率，以确保制品的早期强度。

高铝水泥的主要矿物是 $CaO \cdot Al_2O_3$，是一种稳定的化合物，具有很好的水硬性。这种水泥的特性是快硬、高强和耐火，但是后期强度不稳定。快硬硅酸盐水泥的特点是早期强度高，主要矿物为 C_3S 和 C_3A，但是生产水泥的能耗高。快硬硫铝酸盐水泥的主要矿物是硫铝酸钙、硅酸二钙和铁相。硫铝酸盐水泥的突出特点是快硬早强，水化矿物为钙矾石，后期强度主要是硅酸二钙的水化，具有体积微膨胀等特性。

氯氧镁水泥是用氯化镁溶液与活性氧化镁调配而成的，主要反应产物及主要矿物为 3・1・8 相［$3Mg(OH)_2 \cdot MgCl_2 \cdot H_2O$］和 5・1・8 相［$5Mg(OH)_2 \cdot MgCl_2 \cdot 8H_2O$］，主要的稳定相是 5・1・8，也有一些研究者认为存在 5・1・9 相（$5MgO \cdot MgCl_2 \cdot 9H_2O$），是一种气硬性胶凝材料。氯氧镁水泥的优点是硬化快、强度高、收缩小、耐磨性好。但是，该水泥缺点是防水性差，暴露在空气中容易吸潮，甚至出现翘曲的现象，这种水泥需在干燥条件下使用或者进行防水处理。

另外，使用两种或三种水泥复合，可以达到更好的效果。如硅酸盐水泥与 高铝水泥复合使用，既保留了早强的特点，也使后期强度不足得到弥补。硫铝酸盐水泥与硅酸盐水泥同时使用，可以增加早期强度，但是二者复合可互相促进水化产物的生成，容易产生急凝现象，需谨慎使用。

（2）填充料

填充料多使用固体废弃物，如工业废渣（粉煤灰、矿渣粉、废石粉等）、秸秆粉、锯末等，其中以粉煤灰应用最为普遍。填充料的种类、掺入量和细度，会影响新拌浆体的流动性和稠度。在水灰比低的情况下，混合物太硬会使泡沫破裂，但是水量太高会使混合物太稀不能存留很多气泡，导致气泡从混合物中分离，形成太多的毛细孔，耐久性差。水灰比的范围应保持在 0.4 到 1.25 之间。为了改善浆体的性能，可加入塑化剂，但应考虑塑化剂与泡沫混凝土添加剂的匹配性。

（3）发泡剂

发泡剂是使无机胶凝材料内部产生泡沫而形成多孔物质，发泡剂的种类和数量，关系到水泥浆体中的气孔数量、形状、结构，影响泡沫混凝土的质量。发泡剂必须具有大泡沫生成能力，同时对泡沫的稳定性、细腻性以及和水泥等胶凝材料的适应性等都有很高的要求。通常向胶凝材料中引入气泡的方法主要有三种，一种是化学发泡的方法，以铝粉、过氧化氢等为代表；一种是包括表面活性剂类、蛋白类、高分子合成类的物理发泡方法；另外一种是国外使用的干气泡法，主要依赖机械充气，对发泡设备要求很高。

我国市场上的发泡剂种类繁多，主要分为松香树脂类、合成表面活性剂类、蛋白质类、复合类等。松香树脂类发泡剂又名引气剂，是我国第一代发泡剂，以松香为主要原料，它的主要品种有松香皂和松香热聚物，生产工艺简单、成本低、与水泥相容性好，至今仍在广泛使用，但发泡倍数和泡沫稳定性一般。

合成表面活性剂类发泡剂是我国第二代发泡剂，可分为阴离子型、阳离子型、非离子型和两性离子型。阴离子型发泡快且发泡倍数大，受到普遍欢迎；阳离子型价格高，影响水泥的强度，应用不多；非离子型发泡倍数较小，没有得到广泛应用；两性离子型发泡效果好但成本高，没有大规模应用。

蛋白质类发泡剂是我国第三代发泡剂，可分为动物性蛋白和植物性蛋白两种。动物性蛋白又分水解动物蹄角型、水解血胶型和水解毛发型；植物性蛋白也分为茶皂型和皂角苷类。蛋白型发泡剂属于高档发泡剂，虽然价格高，但性能好、泡沫稳定、发泡倍数较好，具有较好的发展前景，在近几年的市场中占有越来越大的市场份额。

复合类发泡剂是我国第四代发泡剂，它以一种或多种发泡剂为基本组分，加入＜20wt％的外加剂组分（增泡组分、稳泡组分、功能组分和调节组分）。复合类发泡剂有较好的起泡力和泡沫稳定性，是未来发展的主流趋势。

（4）纤维及其他外加剂

发泡水泥中的孔结构大部分是封闭的，但仍存在料浆稳定性差、试块强度偏低、后期干燥收缩大、韧性较差、容易开裂等问题。如果在泡沫混凝土中加入适量的短切纤维，可以提高水泥韧性，增加劈裂抗拉强度。常用的纤维有碳 纤维、耐碱玻璃纤维、聚丙烯纤维、植物纤维、聚乙烯醇纤维等。

外加剂具有早强、稳泡、提高表面活性等功能，有利于改善浆体的和易性和浸润性，提高制品的强度以及泡沫的均匀稳定性。

发泡水泥的生产方法有湿砂浆法和干砂浆法两种。湿砂浆法通常是在混凝土搅拌站将水泥、砂与水等搅拌成砂浆，并用汽车式搅拌车运至工地，再将单独制成的泡沫加入砂浆，搅拌机将泡沫及砂浆拌匀，然后将制备好的发泡水泥注入泵车输送或现场直接施工。干砂浆法是将各干组分（水泥、粉煤灰等）通过散装运输或传动系统输送至施工现场，干组分与水在施工现场拌和，然后将单独制成的泡沫加入砂浆，两者在匀化器内拌和，然后用于现场施工。图 5-5 为发泡水泥制作工艺流程图。

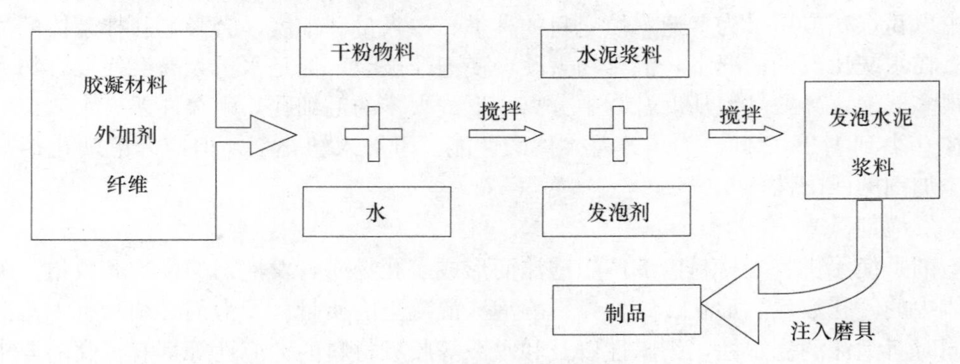

图 5-5　发泡水泥制作工艺流程图

近年来，随着我国大力推进生态节能、资源循环利用的研究与开发，发泡水泥因其良好的保温性能，需求量呈逐年增加的趋势，作为新型绿色建材，发泡水泥有望取代有机保温材料在建筑保温行业得到广泛应用。

发泡水泥及其制品在我国的发展经历了一个特殊的时期，那就是行业内俗称的“65 号文时期”——有一段时间我国建筑保温行业发生多起火灾事故，如南京中环国际广场、哈尔滨经纬 360 度双子星大厦、济南奥体中心、北京央视新址附属文化中心、上海胶州教师公寓、沈阳皇朝万鑫大厦等相继发生因建筑外保温材料导致的火灾，造成严重人员伤亡和财产损失，中华人民共和国公安部紧急下发“史上最严”消防规定《关于进一步明确民用建筑外保温材料消防监督管理有关要求的通知》（公消［2011］65 号），“……从严执行《民用建筑外保温系统及外墙装饰防火暂行规定》（公通字〔2009〕46 号）第二条规定，民用建筑外保温材料采用燃烧性能为 A 级的材料。”也就是说所有的外墙保温材料必须是不燃烧的 A 级材料，据权威部门统计当时全国的 A 级材料加起来也不够一个大省的用量，因此一时间 A 级材料出现了严重的供不应求现象，各地 A 级材料缺货，厂家开足马力生产。在这种情况下，岩棉、泡沫玻璃、发泡水泥、玻化微珠等材料都得到了极大地发展，发泡水泥保温板因为投资小、生产流程短、工艺过程相对简单发展势头最猛，出现了雨后春笋般景象，数月之内生产企业从无到有发展到成百上千家。也出现了一些专业的设备生产厂商，山东、河南等地也出现了规模较大的企业，整个行业一派欣欣向荣。直到后来我国公安部又出台了《关于民用建筑外保温材料消防监督管理有关事项的通知》（公消〔2012〕350 号）决定不再执行公消〔2011〕65 号以后，B 级材料又回归建筑市场，随之 A 级材料用量也开始回落，几乎和来时的迅猛一样，发泡水泥保温板急速退出市场。

综上所述，我国的发泡水泥装备具有中国特色，小型化、实用化、操作简易化的特点明显，且价格只有欧美设备的几十分之一，经济实惠。这种设备不但适应了中国的国情，也适应了发展中国家的国情，因而受到发展中国家的欢迎。但与欧美发达国家相比，我国发泡水泥生产技术水平和规模尚存在较大的差距。欧美设备大型化、自动化、加工精良化的综合优势十分突出。如现浇成套装备，均配备有原料筒库和全自动配料系统，以及浆体密度自控系统，自动化程度高，产量大。而我国设备则多为人工配料、电控手动操作，浆体密度难以控制，其差距显而易见。如何提高我国发泡水泥生产装备的技术水平和产品技术指标，是今后我国发泡水泥行业面临的重要课题。

5.1.3　泡沫玻璃

泡沫玻璃（**Foam Glass**）也称多孔玻璃，是一种含有无数封闭气泡，气孔率达 90%以上，由气泡组成的隔热玻璃材料。

泡沫玻璃具有质量轻、导热系数小、吸水率小、不燃烧、不霉变、强度高、耐腐蚀、无毒、物理化学性能稳定等优点，被广泛应用于石油、化工、地下工程、国防军工等领域，能达到隔热、保温、保冷、吸声等效果。另外还广泛应用于民用建筑外墙和屋顶的隔热保温，随着人类对环境保护的要求越来越高，泡沫玻璃将成为城市民用建筑的高级墙体绝热材料和屋面绝热材料。泡沫玻璃以其无机硅酸盐材质和独立的封闭微小气孔汇集了不透气、不燃烧、防啮防蛀、耐酸耐碱（氢氟酸 HF 除外）、无毒、无放射性、化学性能稳定、易加工而且不变形等特点，使用寿命等同于建筑物使用寿命，是一种既安全可靠又经久耐用的建筑节能环保材料。如图 5-6 所示。

图 5-6　泡沫玻璃

泡沫玻璃有多种分类方法：

（1）按颜色可分为黑色泡沫玻璃、白色泡沫玻璃、彩色泡沫玻璃；

（2）按气泡可分为开孔泡沫玻璃和闭孔泡沫玻璃；

（3）按用途可分为隔热泡沫玻璃、吸声泡沫玻璃、屏蔽泡沫玻璃、清洁泡沫玻璃；

（4）按原料可分为钠钙硅泡沫玻璃、熔岩废渣泡沫玻璃、硼硅酸盐泡沫玻璃；

（5）按形状可分为板块状泡沫玻璃和颗粒状泡沫玻璃；

（6）按温度可分为高温发泡型泡沫玻璃和低温发泡型泡沫玻璃。

泡沫玻璃属于新兴的建筑材料，具有不同于传统建材的优良性能，表5-4及表5-5分别是泡沫玻璃保温隔热及吸声材料性能指标。

表5-4　泡沫玻璃保温隔热材料主要性能指标

项目		单位	参考值	项目	单位	参考值
密度（密度）		kg/m	150～500	抗压强度	MPa	≥0.5
导热系数	−100℃	W/（m·K）	≤0.041	抗折强度	MPa	≥0.6
	−50℃	W/（m·K）	≤0.047	吸湿率	%	>0.00
	0℃	W/（m·K）	≤0.060	使用温度	℃	−270～450
体积吸水率		%	≤0.5	线膨胀系数	1/℃	9×10

表5-5　泡沫玻璃吸声材料主要性能指标

吸声系数	频率（Hz）	125	500	1000	2000	4000
	吸声系数	0.21	0.33	0.45	0.48	0.60
密度（密度）	170～190kg/m³	开孔率		≥52%		
抗压强度	0.5 MPa	燃烧性		不燃		
抗折强度	0.6MPa	使用温度		≤400℃		

泡沫玻璃最先由法国研制成功，其生产泡沫玻璃所采用的原料为多原料体系，充分地利用工业废渣来生产泡沫玻璃，还研制了复杂碱金属氧化物和碱土金属硅酸盐泡沫玻璃体系。随后美国、德国、前苏联、日本等国也先后投入生产。美国对于泡沫玻璃的生产和研究一直处于世界领先地位，是世界上最大的泡沫玻璃生产国，其中美国康宁公司是世界上最大的泡沫玻璃生产厂。

中国的泡沫玻璃研究开始于20世纪50年代，并由沈阳陶瓷厂研制生产成功第一批泡沫玻璃，由于泡沫玻璃具有优良的防火、防水、绝热、轻质、高强等性能，进入21世纪以来，随着我国建筑节能发展需要，泡沫玻璃在建筑节能与防火领域得到普遍认可和应用，并因此获得迅速推广应用。目前，我国已有十多个泡沫玻璃生产厂家，年产量规模已达40万m³，单线最大生产能力已达4万m³/a。可以预见，随着我国基础设施建设、建筑维修、石油化工及地下工程的发展，对泡沫玻璃的需求量也会越来越大。

根据泡沫玻璃生产过程中模具与毛坯在退火方面的差别，可以将泡沫玻璃的生产工艺分为两步法和一步法。两步法生产工艺是将泡沫玻璃配合料在发泡窑中发泡后，在发泡窑外将模具脱除，脱模后的毛坯再送入退火窑中进行退火。该生产工艺的优点是其发泡和退火过程相互独立，互不干扰，便于工艺参数的调节，并能及时观察和判断泡沫玻璃的发泡质量，然后可通过调整发泡温度和发泡时间，很灵活地生产出不同密度、不同品种的泡沫玻璃，同时，可最大限度地减少模具的投入量。一步法是将泡沫玻璃配合料在同一模具和同一座窑炉中进行发泡和退火，并获得泡沫玻璃产品，它占用大量模具，并且带模退火不利于毛坯合格率，毛坯开裂情况较多。

目前，全球绝大多数工厂是采用两步法生产工艺。泡沫玻璃以碎玻璃、粉煤灰、云母、珍珠岩、浮石粉、火山灰等为主要原料，添加发泡剂、改性添加剂和促进剂等，经过细粉碎混合均匀形成配合料，放入到特定的模具中，经过预热、熔融、发泡、退火等工艺制成。

目前，泡沫玻璃生产工艺的主要流派有匹兹堡-康宁法、回收-有模法、回收-无模法、颗粒法。

匹兹堡-康宁法由美国康宁公司发明，采用的原料为玻璃熔窑专门设计并熔化的玻璃，该法使用的玻璃原料较为纯净，更加适合生产优质泡沫玻璃产品。该玻璃原料在粉磨车间中与发泡剂、促进剂等一起磨成细粉，制作成泡沫玻璃配合料，加入模具中经过压实后，再在发泡炉内进行烧结和发泡，发泡温度为 830～860℃，但为了使配合料均匀发泡，应在 500～600℃进行充分预热，然后再进行快速升温。泡沫玻璃经过发泡和定型后再脱模（为了防止玻璃与金属模具的粘结，事先要在金属模具的内壁喷涂一层脱模剂，脱模剂多以铝硅质无机材料为主），泡沫玻璃毛坯经退火后消除其热应力，退火后的泡沫玻璃毛坯即可进行锯切加工，形成泡沫玻璃成品，并进行检验和包装。

回收-有模法使用的原料主要是回收的废弃玻璃，该工艺借助模具进行发泡、退火和加工。除所用原料不同外，其余工序与匹兹堡-康宁法基本相同。

回收-无模法利用连续发泡工艺，使用的原料主要是回收的废弃玻璃，也可以用专门熔化的玻璃原料进行发泡、退火和加工，与匹兹堡-康宁法基本相同，但是发泡工艺最大的特点是不需要模具。

颗粒法是将废弃玻璃在球磨机中破碎后添加发泡剂、助剂，经过粉磨形成泡沫玻璃配合料，再将配合料送入发泡窑的炉膛，使泡沫玻璃配合料熔化并发泡，泡沫玻璃配合料成型为连续泡沫玻璃带，形成泡沫玻璃毛坯，定型固化后经过辊筒碾压拉引后，形成泡沫玻璃颗粒。该工艺过程不需要使用模具，并且没有退火工艺过程。泡沫玻璃颗粒是性能优越的隔热、防潮、防火、永久性的高强轻质骨料。

英国是首家采用浮法工艺生产带状及夹金属丝网增强泡沫玻璃的国家。配合料由带式输送器送入锡槽，发泡剂采用 Na_2SO_4 等。配合料在熔融锡液表面加热到 850～950℃，熔融锡液上面空间有隔墙将发泡带和冷却带分开。锡液中有温度调节加热装置。当泡沫玻璃带在 600～650℃温度下具有一定强度后，逐步被 牵引出锡液，然后输送到退火窑进行退火，最终制成合格的泡沫玻璃毛坯产品。

目前，我国泡沫玻璃生产企业广泛采用美国康宁公司的“两步法”生产工艺，即发泡工艺和退火工艺分别在发泡窑和退火炉中独立进行，在发泡窑中完成毛坯发泡后，毛坯需要与模具脱离，将毛坯送入退火炉内，模具继续循环使用，但我国工艺主要采用回收的废/碎玻璃作为原料，成本较低，产品质量较佳，成为循环经济典型范例，其生产工艺为：

（1）泡沫玻璃原料的选择

废玻璃的性质对泡沫玻璃制品的质量和生产工艺制度都有重要影响。制造泡沫玻璃所选用的废玻璃应满足下列基本条件：低的发泡温度和在发泡温度范围内较小的结晶倾向；在发泡温度范围内，玻璃的黏度变化率要小，烧成温度范围广，利于获得泡径均匀的泡沫玻璃；含有适量的供氧组分，这类组分的多少会影响到玻璃的发泡膨胀能力；具有较好的化学稳定性和较低的热膨胀性。

（2）发泡剂的选择和混合

用于泡沫玻璃的发泡剂有炭黑、碳化硅、碳酸钙、白云石粉、金云母、石墨、二氧化锰等。不同的发泡剂要求的发泡温度和发泡时间不同，所制成的泡沫玻璃的孔径和孔壁的薄厚也不同。发泡剂与玻璃粉必须充分均匀混合；混合时要防止有机物或粉尘混入原料中，以免产生异常发泡部位，而导致产品质量下降。混合时间与混合方法、设备及混合强度有关。

（3）助熔剂和改性剂

助熔剂的加入可以使玻璃的熔点降低。由于泡沫玻璃的熔点高于发泡剂产生气体的温度，为了获得低密度的泡沫玻璃，通常必须在配料中加入一些助熔剂来降低玻璃的黏度，以便于熔融。一般采用的助熔剂有氟硅酸钠、碳酸钠等。

改性剂：加入适量的改性剂能够改善泡沫玻璃的性能，增大发泡温度范围，减少连通孔，提高机械强度，提高成品率。一般采用的改性剂有三氧化二锑、硼砂、焦磷酸钠、硫酸钡等。

（4）烧制工艺过程

将混合好的泡沫玻璃配合料加入模具中，经过压实后，在高温炉中加热。模具一般采用陶瓷或耐热钢板，为防止制品与模具粘连，经常在模具壁上涂一层耐高温泥浆。为防止发泡不均匀，应在加热初期采用预热方式，即以5～8 ℃/min的升温速度将炉中温度由室温升至400℃左右，并保温20～30 min，此时分散于玻璃细粉中的碳完全被熔化的玻璃液包围。然后，将炉体快速升温到烧结温度（ 650～750℃ ），升温速度一般为8～10℃/min。在此阶段，炉内生成的气体包裹在坯体内，有利于得到更多的气相。烧结完成后，继续以10～15 ℃/min的速度加热到发泡温度（750～1000℃）进行发泡，在发泡温度下保温一段时间（15～50min），此时气泡内的气压大于周围玻璃的表面张力，气泡扩散，聚集成群，玻璃体积膨胀形成泡沫玻璃。烧成结束后，将试样迅速冷却至600 ℃左右，在表面形成固化层，并逐渐向中心扩展产生巨大应力，为消除应力，在600℃左右时保温20～35min，然后关掉电源自然冷却至室温。

（5）脱模与退火

为了防止玻璃与金属模具的粘连，事先应在金属模具的内壁涂刷一层脱模剂，脱模剂由硅酸铝粉、硅酸和水按一定比例配合而成。整个退火时间较长，退火时间根据配方而定，目的是使成品不开裂，不存在内应力。

综上，泡沫玻璃的烧制工艺大致分为四个阶段：预热、发泡、定型、退火。其中泡沫玻璃的退火是比较重要的工艺过程，泡沫玻璃的退火冷却速率不仅与制品的化学组成及厚度有关，还与制品的结构、密度、热膨胀系数等有关，冷却速率将直接影响成品的性能。

5.1.4 无机保温砂浆

无机保温砂浆（**Inorganic Insulation Mortar**）是指具有绝热保温性能的低密度多孔无机颗粒，粉末或短纤维为轻质骨料，合适的胶凝材料及其他多元复合外加剂，按一定比例经一定的工艺制成的保温抹面材料。

1. 无机保温砂浆特点：

（1）有极佳的温度稳定性和化学稳定性：无机保温砂浆材料保温系统由纯无机材料制成。耐酸碱、耐腐蚀、不开裂、不脱落、稳定性高，不存在老化问题，与建筑墙体同寿命。

(2) 施工简便，综合造价低：无机保温砂浆材料保温系统可直接抹在毛坯墙上，其施工方法与水泥砂浆找平层相同。施工便利，与其他保温系统比较有明显的施工期短、质量容易控制的优势。

(3) 适用范围广，阻止冷热桥产生：无机保温砂浆材料保温系统适用于各种墙体基层材质，各种形状复杂墙体或异型构件的保温。全封闭、无接缝、无空腔，没有冷热桥产生。不但可以做外墙外保温，还可以做外墙内保温，或者外墙内外同时保温，以及屋顶保温和地热的隔热层，为节能体系的设计提供了一定的灵活性。

(4) 绿色环保无公害：无机保温砂浆材料保温系统无毒、无味、无放射性污染，对环境和人体无害，同时可以利用部分工业废渣及低品级建筑材料做原料，具有良好的资源综合利用及环境保护效益。

(5) 强度高：无机保温砂浆材料保温系统与基层粘结强度高，不产生裂纹及空鼓。这一点与其他保温材料相比具有一定的技术优势。

(6) 防火阻燃安全性好：无机保温砂浆材料保温系统防火不燃烧，可广泛用于密集型住宅、公共建筑、大型公共场所、易燃易爆场所、对防火要求严格场所。还可作为放火隔离带施工，提高建筑防火标准。

(7) 热工性能好：无机保温砂浆材料保温系统蓄热性能远大于有机保温材料，可用于南方的夏季隔热。由于其导热性能可以方便地调整以配合力学强度的需要及实际使用功能的要求，甚至能达到 0.07W/（m·K）以下，所以被广泛用于地面、天花板等各种场所。

(8) 防霉效果好：可以防止冷热桥传导，防止室内结露后产生的霉斑。

(9) 经济性好：如果采用适当配方的无机保温砂浆材料保温系统取代传统的室内外双面施工，可以达到技术性能和经济性能的最优化方案。

表 5-6 是无机保温砂浆的主要性能技术指标：

表 5-6　主要性能技术指标

项目	技术指标
抗压强度/MPa	≥5.0
干密度/（kg/m³）	≤550
导热系数（W/m·K）	≤0.11
线性收缩率/%	≤0.10
压剪粘贴强度/ MPa	≥0.50
燃烧性能等级	A 级

目前发达国家在保温砂浆的研制开发方面，多以轻质多功能复合浆体保温材料为主。此类浆体保温材料具有较低的导热系数和良好的使用安全性及耐久性，各项性能较传统浆体保温材料明显提高。此外，国外非常重视保温材料工业的环保问题，积极发展“绿色”保温材料制品，从原材料准备（开采或运输），产品生产及使用，以及日后的处理问题，都要求最大限度地节约资源和减少对环境的危害。

我国地域广阔，南北温差较大，由于无机保温砂浆独有的特点，在不同地区有不同的作用。现阶段保温砂浆主要应用于外墙外保温系统和外墙内保温系统中，虽然可以应用于屋面和地板系统，但由于应用于屋面时在技术、经济等性能方面没有优越性，而地板保温、采暖等本身使用不多，因而在屋面和地板方面的应用极少。

经过二十多年的发展，无机保温砂浆作为一种新型保温隔热材料得到了迅速发展。建筑工程中使用的无机保温砂浆主要分为传统无机保温砂浆和新型保温砂浆两类，其中传统保温砂浆包括膨胀珍珠岩保温砂浆、膨胀蛭石保温砂浆、硅酸盐复合绝热涂料；新型保温砂浆包括玻化微珠保温砂浆和复合无机保温砂浆。

2. 传统无机保温砂浆

（1）膨胀珍珠岩保温砂浆

以水泥或建筑石膏为胶凝材料，以膨胀珍珠岩为骨料，并加入少量助剂配制而成，其性能随胶凝材料与膨胀珍珠岩的体积配合比不同而不同，是建筑工程中使用较早的保温砂浆，在工厂配制成干粉状后袋装，施工时按比例加水搅拌均匀即可。可采用机械或手动方法进行喷涂。该产品与其他保温砂浆材料相比，明显的优势是价廉、成本低、施工速度快，是一种竞争力很强的保温砂浆。

（2）膨胀蛭石保温砂浆

以膨胀蛭石为轻质骨料的一种保温砂浆，其性能与膨胀珍珠岩保温砂浆相似，但保温隔热效果不如膨胀珍珠岩保温砂浆，且吸水率高，所以不得用于建筑屋面的保温工程。

（3）硅酸盐复合绝热涂料

是以硅酸盐类纤维材料、填料、结合剂、助剂等为原料按一定配比，先将纤维松解，再经混合搅拌而制成的黏稠状浆体。将其涂敷在需要绝热的表面上，干燥后作为绝热层，施工方法和膨胀珍珠岩保温砂浆基本相同。

但实际应用中，由于使用普通膨胀珍珠岩或膨胀蛭石作为主体保温隔热骨料制成的保温砂浆吸水率太高，实际使用价值不大，因而绝大多数情况下使用玻化微珠或者闭孔膨胀珍珠岩作为主体保温隔热骨料，以聚合物改性水泥为胶凝材料配制新型无机保温砂浆。

3. 新型无机保温砂浆

（1）玻化微珠保温砂浆

玻化微珠保温砂浆是以玻化微珠为轻质骨料、玻化微珠保温胶粉料按一定比例搅拌均匀混合而成的新型无机保温砂浆材料。具有强度高、质轻、保温、隔热好、电绝缘性能好、耐磨、耐腐蚀、防辐射等显著特点，是市场上刚出现的一种无机保温砂浆。作为一种单组分的无机保温砂浆，玻化微珠保温砂浆强度高，粘结性能好，无空鼓、开裂现象，现场施工加水搅拌即可使用，可直接施工于干状墙体上。它克服了传统的无机保温砂浆吸水率低、易粉化、料浆搅拌过程中体积收缩率大、易造成产品后期保温性能降低和空鼓、开裂等缺点。

（2）复合无机保温砂浆

针对传统的单一组分保温砂浆存在的一些不足，通过添加多种无机轻质骨料进行组合，再加上一些独特的添加剂进行粘结，形成了具有特定性能的新型无机保温砂浆，这些具有更高性能指标的保温砂浆被称为复合无机保温砂浆。例如，采用优质膨胀珍珠岩颗粒和玻璃微珠复合可以消除或减少膨胀珍珠岩颗粒间的大孔隙，从而使导热系数特别是高温导热系数下降。

5.2 有机保温材料

相比于无机保温材料，有机保温材料的保温效果更加优良。如挤塑板的导热系数在

0.028～0.03W/（m·K）之间，所以在北方寒冷地区要使建筑具有保温节能性能，仍然需要大量使用有机保温材料；而无机类保温材料的导热系数一般在 0.065W/（m·K）左右，甚至更高，多半为 A 级阻燃材料，消防安全性能好，但是保温效果不甚理想，在南方隔热要求不高的建筑外墙中使用是很好的保温材料。

如果保温系统透气性不好，不仅影响饰面层，还会导致室内空气浑浊。有机材料尤其是挤塑聚苯板的吸水率很低，具有很好的防水性。与此相反，传统的无机类保温材料，如玻璃棉、岩棉、矿棉制品等，具有较大的吸水率和水蒸气渗透率，因而保温效果不够稳定，尤其用于低温保温时，此类保温材料一旦含有水分，导热系数会急剧上升，隔热效果将明显降低。保温材料与水及水蒸气的不同作用可能影响到保温材料体系的应用耐久性能，这也是保温体系重要的技术指标。如果不对这些因素加以考虑和设计，就会出现大量的耐久性破坏，即保温体系可能在正常的设计寿命时间内提前破坏。

根据有机类材料在遇火燃烧后所表现出的热力学特点，可将其分为两大类：热塑性和热固性。热塑性保温材料燃烧过程可以分为 5 个阶段：加热熔化、热降解和热分解、材料着火、燃烧和火焰传播。采用热塑性保温材料时，受火区域的保温材料收缩熔化，并积聚至系统内的底部，热解气体使系统内形成过高的压力，失去依托的保护面层不足以承载积聚的熔化物或压力时，保护面层变形开裂，失去稳定性，热解气体逸出，熔化状态的保温材料被点燃，造成更大范围的破坏。同时，在燃烧过程中热塑性保温材料会产生熔滴和发烟现象，产生大量有毒气体，加剧了对人体的伤害。

热固性保温材料遇火后不会发生收缩熔化现象，材料面首先形成碳化体，该层碳化体具有较好的阻火作用，在材料烧损面积增加的过程中，碳化体的面积也随之增加，可有效抑制材料的进一步燃烧，同时远离过火区域的保温材料形态基本保持原状，不会出现明显的理化性能改变。

常见的热塑性保温材料有模塑聚苯乙烯泡沫塑料（EPS）和挤塑聚苯板（XPS）。热固性保温材料包括改性酚醛泡沫板（PF）和硬泡聚氨酯（PU）。与热塑性保温材料相比，热固性保温材料最大的优势在于保温层燃烧时材料表面能迅速形成碳化层，有效隔绝了空气与保温材料的接触，从而有效阻止了火势的进一步蔓延，同时，热塑性保温材料在燃烧过程中不会出现熔融滴落现象，产生的有毒烟气也相对较少，因此，热固性保温材料更适应建筑节能对保温材料的要求。

5.2.1　模塑聚苯乙烯泡沫塑料

模塑聚苯乙烯泡沫塑料（EPS）板由可发性聚苯乙烯珠粒加热预发泡后，在模具中加热成型，主要成分为 98%的空气和 2%的聚苯乙烯。EPS 由完全封闭的多面体形状的蜂窝构成，蜂窝的直径为 0.2～0.5mm，蜂窝壁厚为 0.001mm。截留在蜂窝内的空气是一种不良导体，对泡沫塑料优良的绝热性能起决定性的作用。与含有其他气体的泡沫塑料不同，聚苯乙烯泡沫塑料中的空气能长期留在蜂窝内不发生变化，因此保温性能能够长期稳定不变。如图 5-7 所示。

EPS 板按密度等级（kg/m^3）可分为 6 类，分别为：Ⅰ类≥15～＜20、Ⅱ类≥20～＜30、Ⅲ类≥30～＜40、Ⅳ类≥40～＜50、Ⅴ类≥50～＜60、Ⅵ类≥60；按燃烧性能分为普通型和阻燃型两种。表 5-7 为国家标准《绝热用模塑聚苯乙烯泡沫塑料》GB/T（10801.1—2002）的要求：

图 5-7 模塑聚苯乙烯泡沫塑料

表 5-7 绝热用模塑聚苯乙烯泡沫塑料指标表

项目	Ⅰ类	Ⅱ类	Ⅲ类	Ⅳ类	Ⅴ类	Ⅵ类
外观质量和尺寸偏差	见 GB/T 10801.1—2002					
表观密度（kg/m^3）≥	15	20	30	40	50	60
压缩强度（kPa）≥	60	100	150	200	300	400
导热系数（W/m·K）≤	0.041	0.041	0.039	0.039	0.039	0.039
尺寸稳定性（%）≤	4	3	2	2	2	1
水蒸气透过系数≤	6	4.5	4.5	4	3	2
吸水率（体积比）（%）≤	6	4	2	2	2	2
断裂弯曲负荷（N）≥	15	25	35	60	90	120
弯曲变形（mm）≥	20	20	20	—	—	—
氧指数（%）≥	30	30	30	30	30	30
燃烧分级	达 B_1 级	达 B_1 级	达 B_1 级	达 B_1 级	达 B_1 级	达 B_1 级

EPS 板具有以下特点：

（1）自重轻，且具有一定的抗压、抗拉强度，靠自身强度能支承抹面保护层，不需要拉结件，可避免形成热桥。

（2）EPS 板在线密度 30～50kg/m 的范围内，导热系数值最小；在平均温度 10℃，线密度为 20kg/m 时，导热系数为 0.033～0.036 W/（m·K）；线密度小于 15 kg/m 时，导热系数随密度的减小而急剧增大；线密度 15～22 kg/m 的 EPS 板适合做外保温。

（3）用于外墙和屋面保温时，一般不会产生明显的受潮问题。但当 EPS 板一侧长期处于高温高湿环境，另一侧处于低温环境并且被透水蒸气性不好的材料封闭时；或当屋面防水层失效后，EPS 板可能严重受潮，从而导致其保温性能严重降低。

（4）化学稳定性好，耐酸碱，具有很好的耐久性。

自 20 世纪 50 年代德国 BA SF 公司开发 EPS 珠粒生产工艺后，泡沫塑料由于成型工艺及设备简易可行，并可制成各种形状、不同密度的产品，因而发展迅速。我国 EPS 的生产企业约为 2000 余家，主要集中在东北、江浙及北京、天津、河北，且其中以中小型企业为多，大型企业数量较少。目前，我国 EPS 生产势头良好，产品质量不断提高。我国的绝热材料市场起步较晚，特别是有机类的绝热材料市场开发更是滞后。近十年来，国家积极倡导发展节能建筑，降低能源消耗，使得膨胀聚苯板薄抹灰外墙外保温技术得到广泛应用，绝热用EPS板需求量不断增加，带动了EPS生产企业的快速发展。

EPS板的制造工艺涉及原料、预发机理、模具验收及EPS成型工艺，最终体现在成型工艺等方面。

（1）原料

分为快速料与标准料，快速料分子量、挥发分低，主要用于自动机方面。它本身含发泡剂少，熟化时间短。操作时，加热时间短，冷却短，成型周期短，能耗低，生产效率高。一般情况下，因为发泡剂少，必须在最短的时间内加热，充分利用少量的发泡剂使泡粒粘结，加热时间短，节省时间。采用高压，短时间加热。能耗低，提高效率，采用高温脱模，成型模温与脱模温的差距小，所以能节省蒸汽。模具成型温度115～130℃，用水冷却至90℃，抽真空，产品表面膨胀率减少到一定值时才能脱模。

快速料主要类型包括巴斯夫CP303、龙王B-SB、兴达303、诚达PK303等。普遍具有以下特点：冷却速度快导致成型周期快，一般能够比普通料快20%～30%；快速料的脱模温度高，达到80～85℃；传统料的脱模温度低，为60～65℃，因此，快速料可节省蒸汽最高达30%；快速料控制采取高压短时间加热。

标准料分子量、挥发分高，从能耗控制方面考虑，较少用于自动机。普通料类型包括巴斯夫CP203、龙王E-SB、兴达302、诚达PK302等。普通料因其分子量大、挥发分高，生产时易出现发胀现象，宜采用低压较长时间加热。

（2）预发机理

①发泡剂：可发性聚苯乙烯的发泡剂主要是戊烷，分正戊烷和异戊烷。工业品戊烷中，烯烃含量对可发性聚苯乙烯的加工性能影响很大。烯烃含量过高，易引起产品收缩。EPS发泡剂含量应控制在4.8%～7%（≤6.8%），一般在5%左右。发泡剂含量过高会导致预发泡体开花、不均、变形开裂等问题。发泡剂含量过低会使发泡倍率降低，加热时间过长，成型过程中EPS珠粒之间粘结性差，产品易收缩和掉粒。

②预发原理：预发泡过程中，含有发泡剂的珠粒在80℃以前并不会发泡，此时珠粒中的发泡剂向外扩散，但珠粒还不会膨胀。当温度大于80℃，珠粒开始软化，分布在内部的发泡剂受热，汽化产生压力，珠粒开始膨胀并形成互不连通的泡孔。同时，蒸汽也渗入到泡孔中，使泡孔内部压力增大。随着时间的推移，蒸汽不断深入，压力不断增大，珠粒的体积也不断增大，这一过程一直持续到体积膨胀可以维持到泡孔薄壁破裂为止。

③流化干燥床工作原理：由蒸汽预发泡机出来的EPS即刻进入流化干燥床设备，进行强制干燥以便进行熟化。EPS从进料口进入流化床，流化床吹入的热风是由鼓风机吸风，通过蒸汽加热器后通过底网吹入流化床，与物料接触，EPS粒料在热风及料流的推动下悬浮在气流中边干燥边推进，落入振动筛。合格的粒料过筛后输入熟化料仓。结块的粒料在筛上流入流化床的破碎装置进行破碎，破碎合格的粒料流入熟化料仓。

④熟化机理及工艺控制：预发后，EPS粒内产生真空，EPS表面带有水分，不符合成型要求，熟化过程是空气进入EPS粒内，使表面水分干燥。快速料一般为8h，普通料一般为24h，高密度料48h，保持空间通风，温度高于10℃。

⑤预发常见问题解决：

泡沫结块。外滑剂不够，搅拌器设计不合理，搅拌叶与底盘间隙过大，水分过多。

泡粒潮湿。冷却时间过短（30s）、预热不够（二次）。

泡粒收缩。发泡倍率过大（原料不符）。

泡粒破损变形。倍率过大、输送方式不合格。

泡粒倍率不稳定。预发机原因包括蒸汽进口网片堵塞、低温发泡伴随空气过大、过小、精度不够；原料原因为粒子大小相差太大。

预发密度过高。加料控制不当。

熟化后密度升高。测量方法不正确导致水分过高。

（3）模具验收

①表面状态：表面光滑，连接部位光滑，光洁度达1.6；气眼不松动且平整，气眼中心距<25mm；

②型腔板：材料选用LY12合金铝板，平整无翘曲；外形尺寸与使用模框尺寸相符。无漏气、漏水、漏料；正常情况下制品无飞边。

孔位：料枪、顶杆孔位分布合理，保证加足料、便于脱模。压板孔位：ϕ36和ϕ28特殊料枪的中心孔距65mm；ϕ32的中心孔距55mm。

（4）EPS成型工艺

模压成型机理是熟化后的预发珠粒通过蒸汽进行加热，约20～60秒的时间内，空气来不及逸出，受热膨胀后产生压力。压力的总和大于珠粒外面加热的蒸汽压力，此时聚合物软化，发泡剂汽化后泡孔内的压力大于外面的压力。珠粒又再度膨胀，并胀满珠粒间隙而结成整块，形成与模具形状相同的泡沫塑料制品。

模压成型工艺根据加热方式的不同可分为蒸缸发泡和液压机直接通蒸汽发泡两种。直接通蒸汽发泡工艺，是将模具放在液压机上，用气送法将预发泡颗粒加入模内，模具上开设有0.1～0.4mm的通气孔，当模腔内装满颗粒后，直接通入0.1～0.2MPa的蒸汽，排除颗粒间的空气并使物料的温度升到110℃左右，颗粒膨胀粘结为一体。关闭蒸汽，保持1～2min时间通水冷却，待定型后即可脱模取出制品。此种方法的优点是塑化时间短，冷却定型快，制件内颗粒熔接良好，质量稳定，生产效率提高，能实现机械化与自动化生产。

蒸缸发泡工艺，是把填满预发泡颗粒的模具放进蒸缸内，通蒸汽加热，进行发泡成型。然后开启蒸缸，取出模具。冷却定型后脱模，取出塑料泡沫制品。此法所用模具简单，适宜生产小型薄壁制件，但劳动强度大，难以实现机械化和自动化生产。

而直接通蒸汽发泡工艺塑化时间短，冷却定型快，制件内颗粒熔接良好，质量稳定，生产效率提高，能实现机械化与自动化生产。图5-8是直接通蒸汽发泡工艺流程图。

5.2.2 挤塑聚苯板

挤塑聚苯板XPS保温板是以聚苯乙烯树脂为原料加上其他的原辅料与聚合物，通过加热混合同时注入催化剂，然后挤塑压出成型而制造的硬质泡沫塑料板。它的学名为绝热用挤塑聚苯乙烯泡沫塑料（简称XPS），XPS具有完美的闭孔蜂窝结构，这种结构让XPS板有极低的吸水性（几乎不吸水）、低热导系数、高抗压性、抗老化性，正常使用几乎无老化分解现象。如图5-9所示。

XPS板的机械性能是EPS板无法比拟的，另外，由于连续性挤出所致的紧密的闭孔结构，XPS板的密度、吸水率、导热系数及蒸汽渗透率均低于其他类型的板材，是目前市场上公认的最佳保温材料。

（1）保温隔热性

具有高热阻、低线性、膨胀比低的特点，其结构的闭孔率达到了99%以上，形成真空

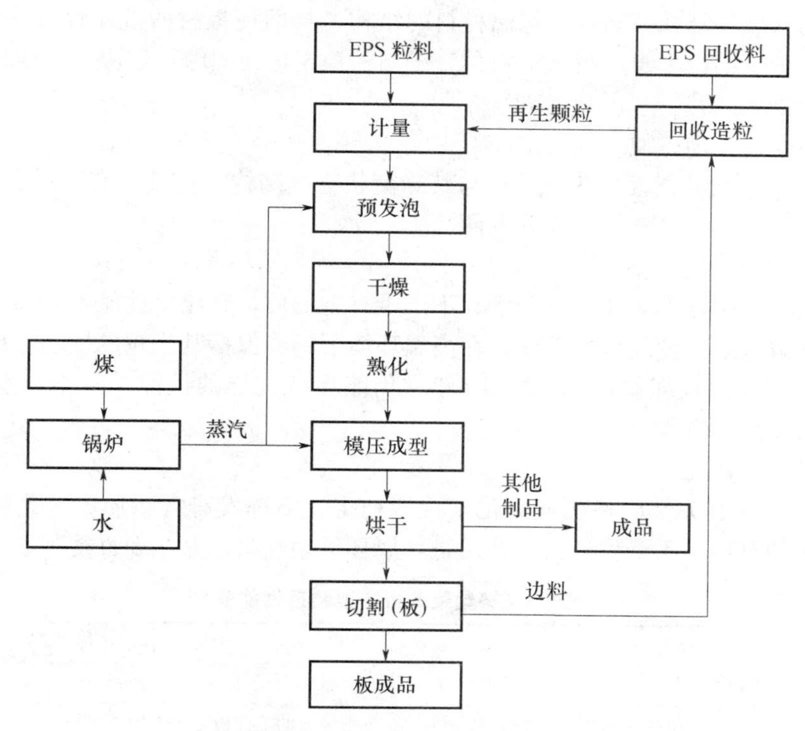

图 5-8　EPS 生产工艺流程示意图

图 5-9　XPS 板

层，避免空气流动散热，确保其保温性能的持久和稳定。实践证明 20mm 厚的 XPS 挤塑保温板，其保温效果相当于 5mm 厚发泡聚苯乙烯、120mm 厚水泥珍珠岩。因此本材料是目前建筑保温的最佳之选。

（2）高强度抗压性

由于 XPS 板的特殊结构，其抗压强度极高、抗冲击性极强，根据 XPS 的不同型号及厚度其抗压强度达到 150～500kPa 以上，能承受各系统地面荷载，广泛应用于地热工程、高速公路、机场跑道、广场地面、大型冷库及车内装饰保温等领域。

（3）憎水、防潮性

吸水率是衡量保温材料的一个重要参数。保温材料吸水后保温性能随之下降，在低温情况下，吸入的水极易结冰，破坏了保温材料的结构，从而使板材的抗压性及保温性能下降。由于聚苯乙烯分子结构本身不吸水，板材分子结构稳定，无间隙，解决了其他材料漏水、渗透、结霜、冷凝等问题。

（4）质地轻、使用方便

XPS板的完全闭孔式发泡化学结构与其蜂窝状物理结构，使其具有轻质、高强的特性，便于切割、运输，且不易破损、安装方便。

（5）稳定性、防腐性好

长时间的使用中，不老化、不分解、不产生有害物质，其化学性能极其稳定，不会因吸水和腐蚀等导致降解，使其性能下降，在高温环境下仍能保持其优越的性能。根据有关资料介绍，XPS挤塑保温板即使使用30～40年，仍能保持优异的性能，且不会发生分解或霉变，没有有毒物质的挥发。

（6）产品环保性能

XPS板经国家有关部门检测，其化学性能稳定、不挥发有害物质、对人体无害、生产原料采用环保型材料、不产生任何工业污染，属环保型建材。其主要性能如表5-8所示。

表5-8　挤塑聚苯板主要物理性能表

项目	性能指标
表观密度/［kg/m^3］	22～35
导热系数（25℃）/［W/（m·k）］	不带表皮的毛面板，≤0.032；带表皮的开槽板，≤0.030
垂直于板面方向的抗拉强度/MPa	≥0.20
压缩强度/MPa	≥0.20
变曲变形/mm	≥20
尺寸稳定性/%	≤1.2
吸水率（V/V）/%	≤1.5
水蒸气透露系数/［ng/（Pa·m·s）］	3.5～1.5
氧指数/%	≥26
燃烧性能等级	不低于B3
对带表皮的开槽板，弯曲试验的方向应与开槽方向平行	

XPS板是国外20世纪50～60年代开发出的一种新型绝热材料，国外几家著名公司都先后用不同工艺流程取得过该产品的专利权，并在各自的领域中大力推广应用。例如道化学公司的蓝色XPS、欧文斯科宁公司的粉红色XPS、巴斯夫公司的绿色XPS等，他们除在本国拥有广大市场外，都在国外市场上取得了成功。XPS产品问世后已经在各种建筑结构中得到了应用，并积累了成熟的经验。在居住建筑中作为绝热材料，特别是屋面绝热材料领域应用得十分广泛，同时在商业和工业中也不乏成功的范例。

中国的XPS泡沫行业起步较晚，1999年美国欧文斯科宁公司在南京投资建立了中国境内的第一条XPS生产线，投产后产品迅速打开了市场，XPS板逐渐获得市场的广泛认可。此后，伴随中国经济的快速发展以及国家实施的建筑物节能改造工作的深入开展，XPS板得到迅速发展，市场需求迅速增大。大量民营企业看准了迅速扩大的国内市场需求纷纷投入XPS板的生产，XPS板产量迅速增长，为实现国家建筑节能目标做出了巨大贡献。现阶段，中国XPS泡沫行业已经实现了生产设备的完全国产化。XPS板在中国建筑保温材料市场份额已经超过 20%，并且呈逐年上升势头。

XPS 板材生产线使用的主要原料是全新或回收的聚苯乙烯（PS）颗粒，通常需要加入色母粒或阻燃剂等添加剂，把混配后的原料喂到一阶挤出机组进行熔融塑化并搅拌，持续注入发泡剂（如氟利昂、丁烷和二氧化碳 CO_2 等）并快速混炼加压，然后挤出，通过液压换网器把流体聚合物中的杂质过滤出来，接着混合物被推送到二阶挤出机组，进一步地充分混合并降温，在此阶段对聚合物的温度和压力进行精确控制，而后被挤出有特定流道的模具，此时混在聚合物中保持高压的发泡剂在瞬间释放压力，发泡剂汽化形成很多各自独立的微小气泡，被包裹在聚苯乙烯膜泡内，经冷却定型形成截面均匀、闭孔蜂窝状的板材，接着经过整平机组和牵引输送辊，然后经过切割系统得到预定尺寸的 XPS 板，最后堆垛、包装入库。边角废料通过回收造粒机得到循环利用。一般情况下，XPS 板还要经过开槽、表面打毛或铣边成型等处理以满足不同的工程应用。图 5-10 为 XPS 板生产工艺流程图。

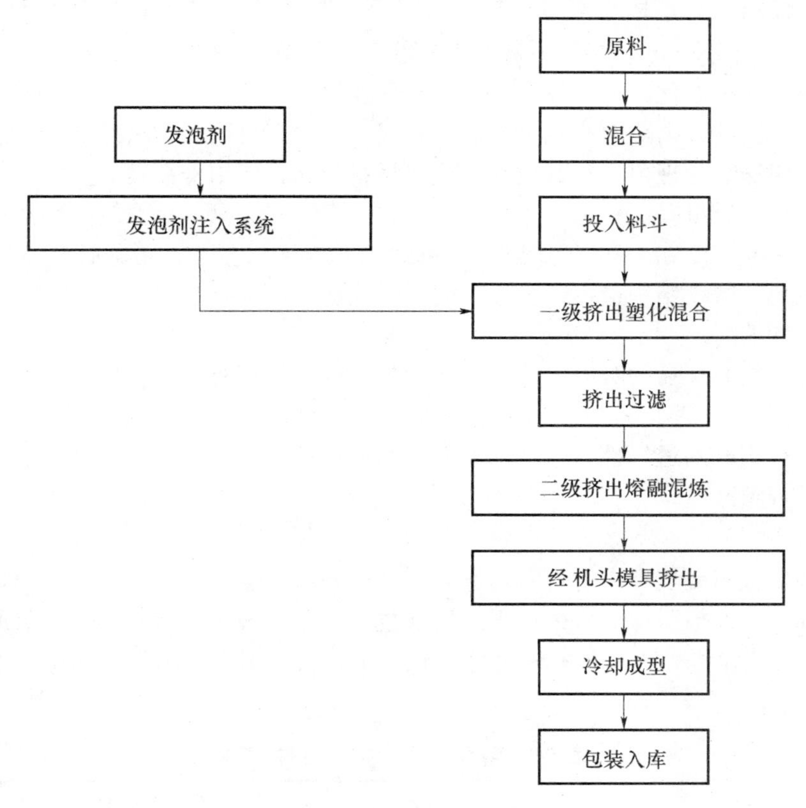

图 5-10　XPS 生产工艺流程示意图

5.2.3　酚醛泡沫板

酚醛保温板（**PF**）是以酚醛树脂和阻燃剂、抑烟剂、固化剂、发泡剂及其他助剂等多种物质，经科学配方制成的闭孔型硬质泡沫塑料。最突出的优势是防火和保温。如图 5-11 所示。

（1）优异的防火性能

在火焰直接作用下具有结碳、无滴落物、无卷曲、无熔化现象，火焰燃烧 后表面形成一层“石墨泡沫”层，有效保护层内的泡沫结构，抗火焰穿透时间可达 1h。

图 5-11　酚醛泡沫板

(2) 优良的绝热性能

酚醛泡沫保温材料是热固性塑料经发泡固化而制成，其发泡固化后成独立的微孔发泡体，泡孔直径为 50～80μm，导热系数在 0.019～0.035W/m·K 之间。

(3) 抗腐蚀、抗老化

除被强碱侵蚀外，酚醛泡沫几乎能耐所有无机酸、有机酸、有机溶剂的侵蚀。长期暴露于阳光下，无明显老化现象，与其他有机绝热材料相比，使用寿命较长。

(4) 密度小、质量轻

酚醛保温板的密度在 100kg/m^3 以下，可达到 50kg/m^3 左右，可减轻建筑物的自重，降低建筑物的载荷，减少结构造价，且施工简便、快捷，可提高工效。

(5) 吸声性能

酚醛保温板具有优良的吸声性能，开孔型的泡沫结构更有利于吸声。

(6) 透气性

酚醛泡沫有很好的透气性，建筑保温材料的透气性十分重要，透气性良好的材料不会产生气雾和霜的现象。

(7) 环保

岩棉、玻璃棉对环境和人有伤害，聚氨酯、聚苯乙烯燃烧受热时会分解出氰化氢、一氧化碳等剧毒气体。而酚醛保温板采用无氟发泡技术，酚醛分子只有碳、氢、氧原子，在高温分解时，除少量 CO 外，无其他有毒气体，无纤维，符合国家、国际的环保要求。其主要指标如表 5-9 所示。

表 5-9　酚醛泡沫主要性能指标要求

项目	指标
表观密度 (kg/m^3)	35～45
抗压强度 (MPa)	0.15
尺寸稳定性	<4
燃烧性	明火不燃
导热系数 (W/m·K)	0.025～0.040

20 世纪 80 年代，国外科学家通过对酚醛树脂及其制品研究，发现它们具有突出的难燃、低烟、低毒特性和优异的耐热性。20 世纪 90 年代以来，包括酚醛泡沫在内的酚醛复合材料得到很大发展，首先受到英、美等国军方重视，将其用于航天航空、国防军工领域，后

又被应用于民用飞机、船舶、车站、油井等防火要求严格的场所，并逐步推向高层建筑、医院、体育设施等领域。代表性产品有美国阿派奇（APACHE）公司开发的“酚醛泡沫夹芯板”（PFEP），美国奇乐公司（GILL）生产的商品名为Gillfoam2019的酚醛泡沫，美国泡沫技术公司（AFT）的新型酚醛泡沫“Thermo-Cor2”，英国石油化学公司（BP）在20世纪80年代生产的酚酚泡沫“Cellobond”，澳大利亚酚醛泡沫工业公司（PFI）在20世纪80年代初生产得名为“Insulboard”的酚醛泡沫板。

20世纪60年代我国的军工科研单位（兵器工业部第53研究所）对干法酚醛泡沫塑料进行了研究，已成功应用于军工方面。兵器工业部第53研究所研制的P-712酚醛泡沫的湿热老化性能优良，经湿热老化试验后，其弯曲强度、冲击强度和体积变化均很小。湿法酚醛泡沫塑料的研究，我国始于20世纪80年代，20世纪90年代已初步实现工业化生产，比较有代表性的单位（除军工科研所外）是济南大学（原山东建材学院）、北京化工大学。同期上海平板玻璃厂开始引进德国湿法模发技术。20世纪90年代后国内泡沫类保温材料和轻质墙体材料仍以发展PS和PU为主。目前，国内外酚醛泡沫塑料的制造方法以间歇式热模发工艺为主，在此基础上发展出连续法制造酚醛泡沫。连续法适合大规模连续制造酚醛泡沫复合材料，制造泡沫的原料和发泡组分的配方类似间歇法。该方法的主要特点是配料、混合、浇筑及复合成型连续进行，生产效率高，板材质量稳定，原材料损耗少等。

酚醛泡沫的原料包括酚醛树脂、固化剂、发泡剂、表面活性剂、改性剂等多种物质。

（1）酚醛树脂基本特性

酚醛树脂也叫电木，又称电木粉，原为无色或黄褐色透明物，市场销售往往加着色剂而呈红、黄、黑、绿、棕、蓝等颜色，有颗粒、粉末状。耐弱酸和弱碱，遇强酸发生分解，遇强碱发生腐蚀。不溶于水，溶于丙酮、酒精等有机溶剂中。

甲阶酚醛树脂是生产隔热用酚醛泡沫的主要原料，树脂在常温下为红棕色液体，在发泡过程中不仅容易充模，而且有利于与其他组分充分混合。根据制品性能和生产工艺要求，酚醛树脂主要对黏度和水分进行控制。

树脂黏度高低影响泡体质量，黏度太高，发泡时各组分不易混合均匀，且由于流动性差，导致充模困难，黏度过低时发泡剂易于逃逸，并出现较大的气泡，不利于形成均匀细微的泡孔结构。通常情况下，树脂黏度以2000～4000InPa·s（25℃）为好。

树脂中水的含量既影响树脂黏度，又影响泡沫体中的泡体结构。当树脂中水含量高时，发泡及熟化过程中由于水蒸发而引起泡孔破裂，导致开孔率提高、导热系数增大。反之，降低水含量虽能改善制品的绝热性能，但由于树脂黏度增高，导致发泡操作困难。经研究发现，树脂含水量在6%～8%范围内较为合适。

（2）固化剂

甲阶酚醛树脂发泡固化需吸收热量，固化周期较长，通常加入酸作固化剂，固化剂的作用是激励放热反应，加速发泡固化。常用的固化剂有无机酸，如：盐酸、硝酸、硫酸等，有机酸有草酸、醋酸、对甲基苯磺酸等。无机酸价格低，但固化速度太快，还有腐蚀性。

（3）发泡剂

发泡剂是制取酚醛泡沫的重要组分，是使塑料产生微孔结构的物质，按发泡机理可分为物理发泡剂和化学发泡剂两大类。物理发泡剂在参与发泡过程中，本身没有发生化学变化，只是通过物理状态的改变，产生大量的气体使混合物发泡。

（4）表面活性剂

表面活性剂的作用主要有两个，首先是在固化反应中减少物料的表面张力和增加液膜的强度，保持泡体的稳定性；第二个作用是使发泡剂在树脂中的分布更加均匀。常用的表面活性剂有脂肪醇聚氧乙烯醚类、含碳化物、含聚氧乙烯醚的有机硅化合物。

（5）改性剂

为了减少泡沫的脆性，需要加入适量的改性剂。常用的有邻苯二甲酸二辛醋、磷酸三甲苯醋、聚乙二醇等。

酚醛泡沫按所用主要原料酚醛树脂的不同可分为两条工艺路线。一是用热塑性酚醛树脂（NOVOLAK）来制造酚醛泡沫，其生产工艺与胶木粉生产相似，即将固体的热塑性酚醛树脂粉碎与发泡剂、固化剂等混合，在炼胶机上轧制成片，再粉碎成颗粒状，然后放入模具中加热发泡并固化成泡沫制品。二是用热固性酚醛树脂（RESOLE）与发泡剂、固化剂等混合，用发泡机（或手工）发泡固化成型。图 5-12 为酚醛泡沫的工艺流程。

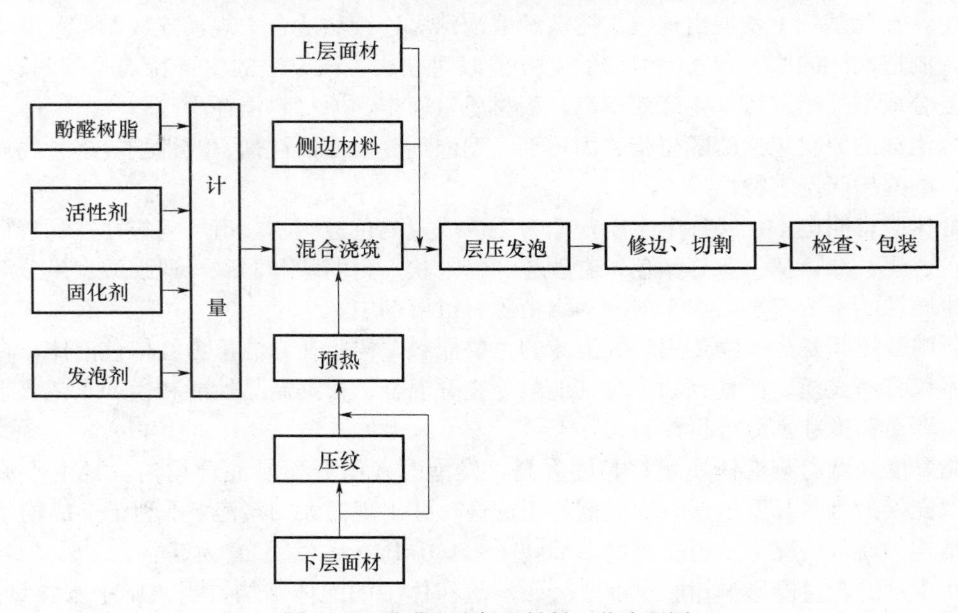

图 5-12　酚醛泡沫保温材料工艺流程图

5.2.4　硬质聚氨酯泡沫塑料

聚氨酯（polyurethane，简称 PU）是聚氨基甲酸酯的简称，是指由多元异氰酸酯和多元羟基化合物通过加成得到的具有氨基甲酸酯基团重复结构单元的聚合物。泡沫塑料是聚氨酯合成材料的主要品种之一，最大特点是制品的适应性强，可通过改变原料组成、配方等制得不同特性的泡沫塑料制品。聚氨酯泡沫塑料按照性能和适用范围可分为：软质泡沫塑料、硬质泡沫塑料、半硬质泡沫塑料、特种泡沫塑料等。

硬质聚氨酯泡沫塑料（rigid polyurethane foarn，RPUF），简称聚氨酯硬泡，是指在一定负荷作用下不发生变形，当负荷过大时发生变形后不再恢复到原来形状的聚氨酯泡沫塑料。硬质聚氨酯泡沫塑料具有优良的力学性能、较高的比强度、良好的冲击吸能特性以及隔声和绝热性能，作为结构支撑、减震缓冲以及隔热保温材料等领域有重要应用。特别是阻燃型及现场喷涂发泡工艺的应用，更扩大了聚氨酯硬泡在建筑、冷库、冷藏车辆及船舶等中作为保温隔热层的应用。硬泡沫塑料中加入玻璃纤维或空芯微球等增强物制成的增强泡沫塑料，是一种理想的“合成木材”，可进行二次加工或模塑成型，可制作家具或其他制品。如图 5-13 所示。

图 5-13　硬质聚氨酯泡沫塑料

（1）保温隔热性能良好

聚氨酯硬泡沫塑料的导热系数在 0.017～0.024W/（m·K）之间，密度＞30kg/m^3的硬泡为多面体的闭孔结构，气泡内的氯氟烃（CFCS）气体导热性能极低，导热系数＜0.015W/（m·K），气泡的气体不流通，是很好的保温隔热材料。

（2）性能稳定

聚氨酯硬泡沫塑料热稳定性高达 120℃，在空气潮湿度 45%～75%，正负 70℃温差变化下，环境下尺寸变化率＜1%，因为在这种环境下气泡内的 CFCS 气体，体积不发生变化，由硬泡基料异氢酸酯固化构成的网络骨架（气泡壁）很薄，变形可忽略不计。此外聚氨酯是有机高分子材料，耐腐蚀能力极强，在酸雨、CO_2的作用下不会发生变化。

（3）粘结密封性能

聚氨酯硬泡材料具有很强的自粘结力，可以与水泥、钢构、黏土、沥青、木材、玻璃、塑料等各种材料进行直接粘结。聚氨酯本身就是一种很好的胶粘剂，结构中含有极性基团—NCO—，对各种材料的粘结力极强，聚氨酯直接喷涂于基面上不需任何处理剂，只要基层含水率＜10%，就能有效地粘结，实现无缝无空腔整体密封，粘结强度大于其自身的抗裂强度，完全达到我国外墙保温工程的技术要求。

（4）防水

因聚氨酯硬泡气泡为闭孔，闭孔率＞92%，自结皮闭孔 100%，吸水率大小与密度有关，密度愈大吸水率愈小。PU 本身吸水率极小，在静水压工作条件下，可承受 1000mm 水柱 24h 渗透，深度＜5mm 时即可做保温层，又可起到防水作用。

（5）阻燃

PU 是有机高分子材料，可以在火焰中燃烧，聚氨酯硬泡的阻燃是通过外加磷类、卤类两种阻燃剂，燃烧时在表面生成保护层隔绝空气，吸收燃烧时放出的热量，使温度下降达到阻燃目的。再者，聚氨酯硬泡外抹无机不燃的聚合物水泥砂浆保护层，墙体为混凝土，聚氨酯硬泡与墙体及外保护层之间完全没有空隙，所以防火安全性能是安全可靠的。

（6）隔声性能优良

聚氨酯硬泡的闭孔结构使其具有优良的隔声功能，可以为用户提供舒适、安静的室内环境。

(7) 使用寿命长

美国、欧洲、日本应用聚氨酯硬泡做建筑墙体及屋面保温已有30多年的历史。实践证明，硬泡耐老化性能已经受得住时间的考验。研究表明聚氨酯硬泡在130℃下可使用30年，在正常温度下加发泡剂HCFC的导热系数提高了 6.7×10^{-3} W/m·K，证明硬泡聚氨酯良好的保温性能应可保持25年之久。

聚氨酯硬泡材料作为建筑围护保温最优异的材料，从20世纪70年代开始应用于欧美等发达国家的建筑节能领域，取得了理想的效果。聚氨酯硬泡因其卓越的保温隔热性能，自20世纪90年代开始大量应用于我国的冰箱、冰柜、管道、冷库、建筑屋面等保温方面。在提高人民生活水平、节约能源方面卓有成效。近几年，随着我国建筑节能标准的不断提高，聚氨酯硬泡材料开始在建筑外墙领域得到了推崇，被誉为“实现65％节能的理想保温材料”。

聚氨酯硬泡一般为室温发泡，成型工艺比较简单。

按施工机械化程度可分为手工发泡和机械发泡；

根据发泡时的压力，可分为高压发泡和低压发泡；

按成型方式可分为浇筑发泡和喷涂发泡，浇筑发泡按具体应用领域、制品形状又可分为块状发泡、模塑发泡、保温壳体浇筑等；

根据发泡体系可分为HCFC发泡体系、戊烷发泡体系和水发泡体系等，不同的发泡体系对设备的要求不一样；

按是否连续化生产可分为间歇法和连续法，其中间歇法适用于小批量生产，连续法适用于大规模生产，采用流水线生产方法，效率高。

按操作步骤中是否需预聚可分为一步法和预聚法（或半预聚法）。

(1) 手工发泡及机械发泡

在不具备发泡机，模具数量少和泡沫制品的需要量不大时可采用手工浇筑的方法成型。手工发泡劳动生产率低，原料利用率低，有不少原料黏附在容器壁上，成品率也较低。开发新配方，以及生产之前对原料体系进行例行检测和配方调试，一般需先在实验室进行小试，即进行手工发泡试验。在生产中，这种方法只适用于小规模现场临时施工，生产少量不定型产品或制作一些泡沫塑料样品。手工发泡大致分几步：①确定配方，计算制品的体积，根据密度计算用料量，根据制品总用料量一般要求过量5％～15％。

②清理模具，涂脱模剂，模具预热。

③称料，搅拌混合，浇筑，熟化，脱模。

手工浇筑的混合步骤为：各种原料精确称量后，将多元醇及助剂预混合，多元醇预混物及多异氰酸酯分别置于不同的容器中，将这些原料混合均匀，立即注入模具或需要充填泡沫塑料的空间中去，经化学反应并发泡后得到泡沫塑料。

手工浇筑也是机械浇筑的基础，在我国，一些中小型工厂中手工发泡仍占有重要的地位，但在批量生产、规模化施工时，一般采用效率更高的发泡机操作。

(2) 预聚法及一步法

早期的聚氨酯硬泡采用预聚法生产，因当时所用的多异氰酸酯原料TDI-80黏度小，在高温下挥发性大，与水等反应放热量大，与多元醇的黏度不匹配。如果使全部TDI和多元醇反应，制得的端异氰酸酯基预聚体黏度很高，使用不便。为解决这些问题，首先使TDI

与部分多元醇反应，制成的预聚体，预聚体中 NCO 的质量分数一般为 20%～25%。由于 TDI 大大过量，预聚体的黏度较低，预聚体再和聚酯或聚醚多元醇、发泡剂、表面活性剂、催化剂等混合，经过发泡反应而制得硬质泡沫塑料。预聚法优点是发泡缓和，泡沫中心温度低，适合于模制品。其缺点是步骤复杂，物料流动性差，不适用于薄壁制品及形状复杂的制品。

自从聚合 MDI 开发成功后，TDI 已基本上不再用作硬质泡沫塑料的原料，一步法随之取代了预聚法。一步法是将聚醚或聚酯多元醇、多异氰酸酯、水以及其他助剂如催化剂、泡沫稳定剂等一次加入，使链增长、气体发生及交联等反应在短时间内几乎同时进行，在物料混合均匀后，1～10s 即行发泡，0.5～3min 内发泡完毕，得到具有较高分子量并有一定交联密度的泡沫制品。

目前，硬质聚氨酯泡沫塑料都是用一步法生产的，也就是各种原料进行混合后发泡成型。为了生产的方便，目前不少厂家把聚醚多元醇或（及）其他多元醇、催化剂、泡沫稳定剂、发泡剂等原料预混在一起，称之为“白料”，使用时与粗 MDI（俗称“黑料”）以双组分形式混合发泡，因为在混合发泡之前没有发生化学反应，仍属于“一步法”。如图 5-14 所示。

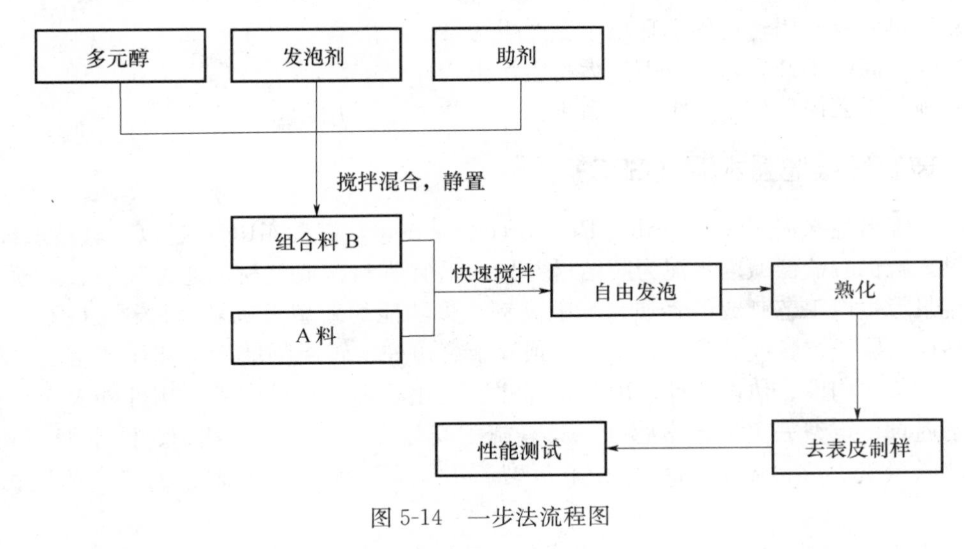

图 5-14　一步法流程图

5.3　复合保温材料

由于有机保温材料与无机保温材料在实际应用中各有利弊，人们想到可以将两种材料复合起来，得到的复合类保温板具有二者优势的同时摒弃各自的缺点。复合类保温板的种类繁多，而且还在不断地增多。通常所说的复合类保温板是指以防辐射吸热材料、岩棉、农作物秸秆或其他具有保温性能并能进行处理的垃圾，通过发泡方式生产的空芯材料等为原料加工生产的。这类保温材料具有阻燃性能较好、抗老化能力强、原材料来源丰富、价格低廉、施工难度小等优点。如粉煤灰水泥发泡板材就是利用发电厂的废料粉煤灰作为原料，以耐碱玻纤网格布及无纺布增强低碱水泥作为面层材料，以粉煤灰发泡板或聚苯乙烯泡沫塑料板为芯材，掺加一定比例的粉煤灰和其他外加剂，复合而成的一种新型保温板。

复合保温材料包括无机材料填充的有机保温板或有机材料增韧的无机保温板。现阶段由于复合保温材料保温系数不高，密度大，在市面上使用较少，只有降低密度，增加保温系数，复合保温材料才可以得到大规模推广使用。

常见的复合保温材料有GRC板、聚苯类复合硅酸盐保温砂浆、水泥聚苯板、陶粒聚苯板、夹芯式轻钢彩板屋面保温板等，这些保温板多以废酚醛泡沫粉料、粉煤灰、废聚氨酯泡沫或膨胀珍珠岩等为骨料，以坡缕石、海泡石、硅酸铝纤维或矿物棉等非金属矿物为增强材料，经进一步处理后，采用一定量的胶粘剂、添加剂，经特殊工艺加工而成。它既保持了原材料的隔热性能，在加工过程中，又进一步增加了封闭孔隙，降低了密度。产品干燥后呈一种多孔网状结构，从而使产品的导热系数得到了降低，因而具有以下特性：

（1）导热系数较低，密度小，适用于各种墙面保温、锅炉管道保温，当用于墙体保温时，占用室内空间小，与其他同类型的保温产品相比，温度变化对其保温性能基本没有影响，因而保温效果好；

（2）具有良好的阻燃性能，即使是高温燃烧时，也不产生烟雾；

（3）生产原料均为无毒、无味、无污染的材料，生产工艺简单，投资成本低；

（4）可再回收利用，对周围环境不会产生污染；

（5）强度高、不开裂、不空鼓、无粉尘污染；

（6）施工工艺简单，粘结牢固，造价低。

5.3.1 玻璃纤维增强水泥（GRC）

玻璃纤维增强水泥（Glass Fiber Reinforced Cement，简称GRC）是以耐碱玻璃纤维作增强材料，硫铝酸盐低碱度水泥为胶结材并掺入适宜骨料构成基材，通过喷射、立模浇筑、挤出、流浆等生产工艺制成的轻质、高强高韧、多功能的新型无机复合材料。GRC技术可生产罗马柱、檐线、腰线、门套、窗套、顶套、窗边柱、轻质隔墙板、变压式烟道、栏杆、园林浮雕、藏式构件、仿古构件、山花、廊柱、文化石等几百种产品，构件外表光洁精致，花纹流畅逼真，定型完美，艺术感强。具有施工安装方便、生产工期短、同水泥亲和性能好、构件质量轻、强度高、韧性好、不龟裂、不脱层、耐水、不燃、无“三废”污染等特点。

GRC材料是国外20世纪70年代发明的一种复合材料，利用GRC材料开发的轻质内隔墙板、保温板、外墙板、外装饰系列制品、网架屋面板、通风道、刚性防水屋面等几十个产品已广泛地应用到建筑工程、土木工程、农牧渔业等领域中。GRC材料及其产品的发展不仅为中国墙体材料的改革、建筑节能、建筑物的装饰装修做出了突出贡献，同时在基础理论研究、原材料品种与性能、制品开发、生产工艺水平、产品质量等方面也取得了长足的进步。由于GRC材料具有较为理想的物理力学性能以及产品易于成型与制造、产品更新换代快、市场容量大且适应性强等特点，GRC行业充满着生机与活力。

GRC制品生产方法主要有喷射法和预拌法。

（1）喷射法

①直接喷射法：采用玻璃纤维切割喷射机和砂浆喷射泵，将短切玻璃纤维和水泥砂浆喷向模型。此方法简单易行，对产品适应性强。

②喷射-真空脱水法：对喷入模内的玻璃纤维水泥砂浆进行真空脱水处理，使浆体密实，

可立即脱模。该法能够制造较薄的平板和波形板，但对产品适应性差，不宜于造型复杂的制品。

（2）预拌法

①预拌捣实法：借助插捣力将预拌好的GRC浆体注入模内成型，适于制作边肋等难以机械成型的制品。

②预拌泵注法：将预拌好的GRC塑性浆体泵注入模内成型，既可用小批量多品种间隙生产，也适用于大批量连续生产。

③预拌振动法：将GRC浆体经振动充满模型，该法可与预拌泵注入法联合使用。

④预拌挤出法：半硬性或干硬性GRC砂浆经挤出机从模口挤出成型，适于制作细长、扁平形制品的连续批量生产。

⑤预拌离心法：GRC砂浆离心成型，适于制造圆形或内圆外方的制品。

⑥GRC制品其他生产方法：包括流浆-真空脱水法、辅浆法、离心喷纤法、注入法、抄取法、铺网法、连续缠绕法等。

GRC外墙内保温板是以GRC为面层，聚苯乙烯泡沫塑料板为芯层，以台座法或成组立模法生产的夹芯式复合保温板。如图5-15所示。

图5-15 GRC复合保温板

5.3.2 聚苯乙烯颗粒复合硅酸盐保温材料

聚苯乙烯颗粒复合硅酸盐保温隔热材料（Polystyrene Particle and Composite Silicate Insulating Materials）是以聚苯乙烯颗粒为主要保温骨料，以经过活性激发的粉煤灰等无机低密度胶凝材料为胶结料，配以硅酸盐纤维作弹性加强，经复合改性后制成的一种涂抹式保温隔热材料。该保温材料具有优良的保温隔热性能，质量轻，抗压、抗拉强度高，防火性能优越。如图5-16所示。

聚苯乙烯颗粒复合硅酸盐保温材料由以下部分组成：保温骨料——以聚苯乙烯颗粒为主；弹性加强纤维——以硅酸盐纤维为主；胶结组分——以水泥、粉煤灰为主；改性组分——各种外加剂。其中保温骨料是决定材料的保温隔热性能的主导因素，胶结组分则决定着材料的整合性和强度（抗压、抗拉及粘结强度）等性能，纤维组分使保温材料具有一定的弹性，改性组分则是决定材料施工性能和各向亲和性的重要因素，四种组分按照合适的比例搭配在一起才能保证复合材料具有较佳的综合性能。

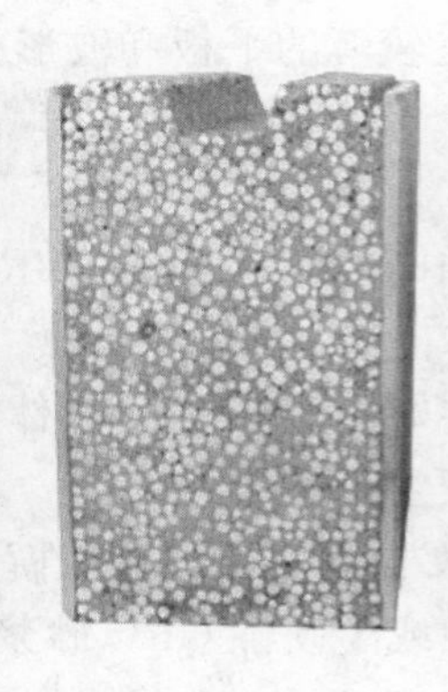
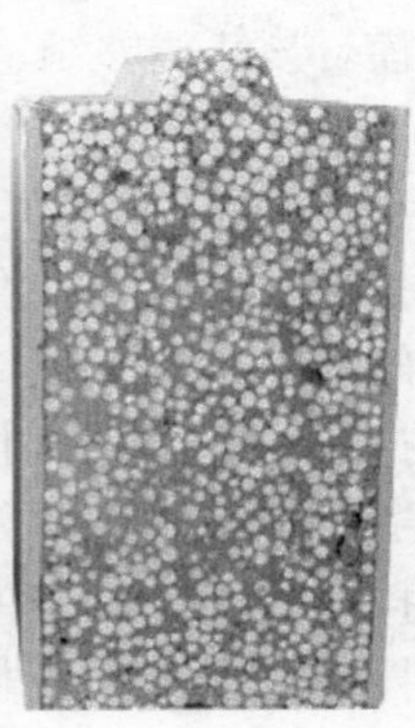

图 5-16　聚苯乙烯颗粒复合硅酸盐保温材料

(1) 保温骨料

目前常用的保温骨料主要是珍珠岩和泡沫类。膨胀珍珠岩是由天然酸性火山玻璃质岩石(即珍珠岩)经熔融膨胀而制成的粒状多孔材料。适用于温度－200～800℃范围内作为绝热材料及用于制作绝热、吸声、防火等制品，耐高温性能和亲和性较好，但吸水性大，密度稍高，价格偏高。聚苯乙烯颗粒由可发性聚苯乙烯颗粒经高温蒸汽发泡而成，在泡沫塑料发泡过程中，表面会生成密度高的膜层，形成硬皮。用于门窗的制作，泡沫塑料由于可以在工厂内生产成各种型材，使用方便，节省工时，可以进行各种各样的改性来满足建筑上的需要，不会发生无机材料产生的吸水蒸气的毛细管现象。具有吸湿性小、密度轻、导热系数低、价格便宜等特点，但不耐高温，亲和性也较差。因此，使用珍珠岩必须进行憎水处理，而用聚苯乙烯颗粒必须进行改性。

(2) 弹性加强纤维

纤维类材料主要有石棉、玻璃纤维、岩棉（矿渣棉)、硅酸铝纤维棉等，石棉具有良好的隔热性，且不燃烧，但是，由于在开采和使用过程中，有大量的粉尘产生，吸入人体后，有严重毒性，为此，在美国和加拿大是禁止开采和使用的，现在各国正在采用别的材料替代它。

玻璃纤维是石棉长纤维的优良的替代品，而玻璃棉、岩棉和矿渣棉是短纤维石棉的替代品。玻璃棉的直径为 1～30μm，强度高，伸长率为 3%～4%，热传导系数根据玻璃棉的密度而不同。由于玻璃棉成分中含有碱，有一定吸湿性，且在纤维与纤维间的间隙中有毛细管现象发生，因而有吸水现象，经过吸湿和吸水后，其导热系数会增加。岩棉和矿渣棉也一样。因此，这些纤维必须采用阻湿阻水措施才能使用。

硅酸铝纤维棉密度轻、导热系数小、湿分散性好，且有一定的耐高温性能。

(3) 胶结组分

考虑到材料的耐久耐候性，胶结组分必须以无机水硬性胶凝材料为主。常用的无机水硬性胶凝材料为水泥，为降低材料的密度及导热系数，采用部分粉煤灰代替水泥。但粉煤灰必须经石膏和碱性激发剂激发活性，保证了材料的保温性能的同时，又使材料具有要求的粘结强度。

(4) 改性组分

为了改变材料的加工性、施工性能，通过加入适量的外加剂，使材料的触变性好，易于施工。同时，改性后的材料与各种基材具有广泛的亲和性，便于其推广应用。

图 5-17 为聚苯颗粒复合硅酸盐保温材料生产工艺流程图：

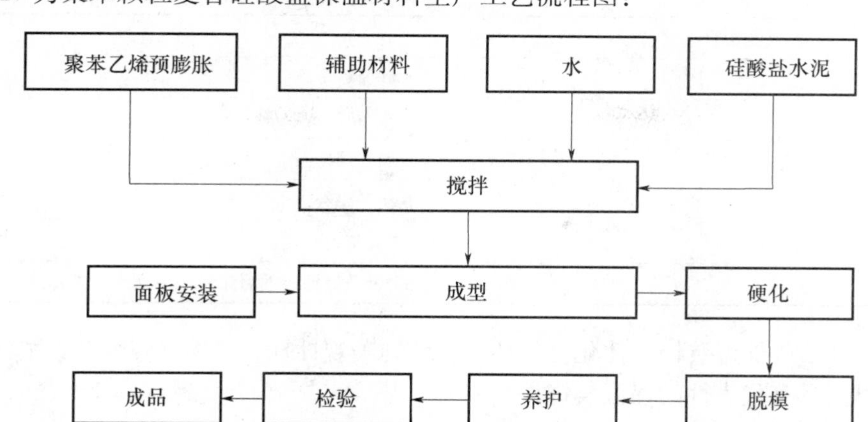

图 5-17　聚苯颗粒复合硅酸盐保温材料工艺流程图

5.3.3　保温装饰一体化保温材料

外墙外保温装饰一体化复合板是由饰面材料以及保温材料复合而成，兼具保温和装饰双重作用。它是由工厂预制成型的建材产品，通常作为外墙围护系统。目前，它的装饰面保温材料品种繁多，保温材料以有机类发泡材料为主，如模塑聚苯乙烯（EPS）、挤塑聚苯乙烯（XPS）以及聚氨酯（PU）等。

外墙保温装饰一体化材料的安装方法与传统的外保温施工方法相比比较简单，且施工质量受环境影响较小。目前主要有湿贴＋锚固法、无龙骨干挂法以及龙骨干挂法这三种安装方法。湿贴＋锚固法，即以专用粘结砂浆将外墙外保温装饰一体化板粘贴在墙上，再辅以机械锚固措施。无龙骨干挂法，即采用（不锈钢或镀锌挂件）点锚体系，通过基层检查处理，在基层墙体内置入热镀锌膨胀螺栓，在其上安装三维可调的组合挂件，同时辅以双组分胶粘剂，将板块固定于墙面，并利用专利技术处理节点及分格缝，从而实现外墙保温防水性能佳、装饰美观的目的。龙骨干挂法，即采用龙骨体系，将保温板固定于明确的龙骨上，采用热镀锌钢件或不锈钢件的连接件，同时在保温板与墙体之间空腔内应设有层间防火分隔腔，这里的龙骨体系主要是由钢管、铝条或耐火耐腐蚀的其他材料所构成。外墙外保温装饰一体化材料的有效应用是指在其通过生产、施工上墙后，在其全生命周期内，能够对建筑物起到保温隔热以及美观的效果，在施工过程及完工后不因环境因素、着火、腐蚀、霉变而失效，无法实现材料预期的效果。表 5-10 所示为聚氨酯铝合金复合板与 XPS 系统的施工流程比较。

表 5-10　聚氨酯铝合金复合板与 XPS 系统的施工流程比较

聚氨酯铝合金复合板	XPS 系统
1 施工前准备工作	1 墙面处理
2 弹线	2 弹线
3 打孔	3 基层墙体润湿 \ 刷界面剂
4 安装龙骨	4 粘贴 XPS 板
5 安装外保温装饰板	5 打磨找平

续表

聚氨酯铝合金复合板	XPS系统
6 配件安装	6 钉固
	7 抹面胶浆
	8 加强网格布
	9 找平修补
	10 嵌密封膏
	11 表面处理（外墙涂料或其他外装潢）

此外，外墙外保温装饰一体化材料还具备装饰美观性佳、整体性强、节约能源等多方面的功能。目前具有代表性的保温装饰板主要有：

（1）企口型聚氨酯铝合金复合装饰板（简称罗宝板）

罗宝板由三部分组成：表层是厚度为 0.5mm 的铝板，外观的涂装可以根据相关设计，并可以通过辊压形成要求的纹路，使得材料的整体装饰性强，延长使用年限，主要起防雨、防撞击的作用；中间层是厚 40mm 聚氨酯硬质泡沫塑料，导热系数小于 0.03W/（m·K），密度为 50kg/m^3，使板材具备了自重轻的特点；内层是一层厚 0.06mm 的铝膜，它的作用主要是预防聚氨酯泡沫的扩散，以防止材料老化，确保材料的隔热效果。聚氨酯铝合金复合板具有质量轻、保温隔热、外形美观、防火防水、干法施工、安装便捷等性能特点。

（2）凡美复合装饰板

凡美 UPVC 树脂装饰板是 UPVC 三层复合芯层发泡结构，将其与保温材料复合在一起就是凡美复合装饰板。它的表层由凡美 UPVC 树脂装饰板涂上氟碳漆涂层，厚度是 2mm；保温层为 PU（PS）保温材料，厚度是 13mm。产品具有质量轻、面积大、强度高、耐腐蚀等特点，但其保温材料的厚度只有 13mm，可能会影响整体的保温性能，且没有做专门的防水设计，日后的系统防水效果会大打折扣。

（3）威尔达多层夹芯复合装饰板

威尔达多层夹芯复合装饰板是采用多层夹芯增强复合成型的。它的装饰面板一般是仿天然石材或者树脂，表层是氟碳涂层，保温层一般用 XPS 板或 PU 泡沫板，增强层为防腐涂层铝板，底板是 XPS 板或 PU 泡沫板面，密度低于 5kg/m^3。保温层厚度（mm）根据要求可分为 25mm、30mm、40mm、50mm、60mm、80mm。产品的特性：质量轻、刚性好、强度高。产品的缺点是：防火性能较差、耐候性不强。

（4）金属压花面复合保温板（简称佳合板）

佳合板是由金属压花板和保温绝热材料复合而成，也可通过浇筑发泡成型。它的外层多为金属面板，如铝合金板，具有一定的装饰效果；而保温绝热材料的采用则较为广泛，可以采用保温性能较好的聚苯乙烯泡沫（XPS、EPS）以及聚氨酯泡沫，也可采用耐火性能较好的岩棉、玻璃棉毡等材料。产品具有很多外墙保温一体化板的特点，装饰效果好，但是其实用价值有待进一步验证，尤其是防火性能和防水性能，并不是短时间内能够观察清楚的。

（5）外墙保温石材复合板

这种板是由发泡保温材料和天然超薄石材层经高新技术加工复合而成。其外层表面采用天然超薄石材，石材厚度 3～5mm，表层花纹可根据要求涂装；保温层是由发泡保温材料组成，厚度 30～50mm，可根据要求订制。与普通干挂石材相比具有质量轻、施工安全快捷的优点，其表层石材与其他金属面材的一体化板相比可能会显得强度不够，抗压能力差，有待进一步改善。

（6）天丰聚氨酯节能板

板面采用钢板，厚度可根据要求设计；保温层为聚氨酯保温材料。板面紧密，强度高，减少了对辅助结构的需要；隐藏式搭接扣件，使建筑物拥有优美的外观；双层的密封防水设计使外墙保温装饰系统的防水效果非常良好。多采用外观特征设计，提高了建筑物的美学需求。

5.4　其他保温材料

本节主要介绍真空隔热保温板、气凝胶、纳米复合纤维保温毡等新型保温材料的性能及应用。

5.4.1　真空隔热保温板

真空隔热保温板（VIP 板）是真空保温材料中的一种，由填充材料与真空保护表层复合而成，它有效地避免了空气对流引起的热传递，因此导热系数可大幅度降低，小于 0.0035W/（m·K），并且不含有任何 OD（消耗臭氧层）材料，具有环保和高效节能的特性。

1. 真空隔热保温板的保温原理

真空隔热保温一般情况下采用以下三种方案：（1）采用高真空的双层壁；（2）采用高真空的型腔，型腔内有一定数量的中间抛光薄片作为发射屏，它能很好地反射光线，以防止热量辐射传递；（3）有粉状的物质或者轻质纤维的型腔（型腔内被抽成中等程度真空 10^{-1}～10^{-2}Pa），这类粉末物质纤维在真空和低温下有低热导性。在真空隔热保温壳体内填充轻质粉末材料代替反射屏，不仅效果较好，而且制造简单，成本低廉。目前该方案已在低温技术中广泛应用，可预见该真空隔热保温材料可作为建筑隔热保温墙板使用。

2. 真空隔热保温板的结构与性能

真空隔热保温板可以采用铝板、涂有保护层的低碳钢板、铝塑板（即粘有铝箔的塑料板）等具有防止气体泄漏的板材作为外壳材料，其厚度可以为 0.55～1mm。据一些研究成果表明，外壳材料厚度与真空隔热保温板的大小相关，如采用密度为 100kg/m^3 的珍珠岩为填充料，用 0.33mm 厚的铝板作为外壳材料，其真空隔热保温板为 10mm，其 1m^2 的质量仅为 3kg。如果采用铝塑板（如聚氨酯板贴铝箔），则上述尺寸的真空隔热保温板 1m^2 质量仅为 2.5kg。若采用泡沫塑料板达到相同的隔热保温性能，其厚度要比真空隔热保温板增加 20～25倍，厚度约 200～250mm。提高真空隔热板保温性能的途径有以下几个方面。

（1）真空压力

真空隔热板内的压力高于 100Pa 时，导热系数较大。随着压力下降，导热系数随之下降；当压力继续下降至 1Pa 后，导热系数几乎不再下降。因此，真空隔热板压力一般要求保持在 1～100Pa 范围内，在此范围内其压力越低越好。

（2）填充物密度

填充物的密度大小对真空隔热保温板的热性能具有重要影响。以膨胀珍珠岩为例，密度较大时，固相导热增加使其导热系数增大；而密度较小即膨胀珍珠岩颗粒较大时，气相导热增强使导热系数增加。密度范围在 100～150kg/m^3 时导热系数 λ 值较小。因此，建议采用颗粒大小均一的膨胀珍珠岩，其颗粒间的空隙大小均匀，不同部位的密度才一致。

（3）含湿量的影响

绝热材料的导热系数随着含湿量的增加而增大，尤其在低温容器中使用更为突出。故为降低和稳定导热系数，必须将填充物颗粒充分烘干，保持恒重后再封口，这样可得到较为理想的导热系数值。

（4）填充粉末的颜色

研究表明，黑色填充料的导热系数比白色填充料的导热系数高，因为白色填充料的发射率和透射率小，折射率高，对减小辐射换热有利。因此，在有条件的情况下，尽量选用白色物质作为填充料。

（5）减小边界效应

边界的导热系数远远大于隔热板的导热系数，产生边界效应的原因是由层叠塑料膜中铝层所引起。铝层的导热系数为237W/（m·K），铝层越厚，隔热板的尺寸越小，则真空隔热板边界热损失率越大。因此，使用中根据隔热板的尺寸大小选定铝层厚度，在结构允许的情况下，尽可能减少铝层厚度并增加隔热板的尺寸，以减小隔热板的热损失率。

3. 真空隔热保温板的生产和应用现状

真空隔热保温墙板在建筑保温中的应用还在起步阶段。国外生产建筑用真空隔热保温板材的公司有：Wacker（德国）、Cabot（美国）和Degussa（德国）。目前只有德国和瑞士逐步建立了应用真空隔热保温板的建筑市场，迄今已有数十项真空隔热保温板应用于地面、屋面、阳台、墙面等保温隔热的工程实例中。当前应用最多的是平顶露台保温，真空隔热保温板可以很容易地避免建筑物内部空间与露台空间的显著温差。此外，真空隔热保温板作为建筑外墙外保温材料的应用效果也非常好。以近两年在德国慕尼黑需尔区载茨街23号建造的一幢商住楼为例，由于真空隔热保温板出色的隔热性能，仅用相当于常规隔热材料一半厚度的真空保温墙体就能达到低能耗建筑的标准，而超薄外墙“节约”出的建筑物使用面积又带来了额外的销售收入，这部分收入超过了外墙保温材料的费用，真正做到了节能住宅既节能又省钱。另外，真空隔热保温板优异的保温性能和超薄的厚度，也给节能建筑师们提供了更大的设计自由度。

目前国内研发真空隔热板的企业屈指可数，产品质量与国外也有些差距，但是凭借着中国制造的低成本和低碳经济的备受关注，使其在市场上占有一席之地。国内目前把真空隔热作为核心业务发展的公司有苏州××电气公司，他们生产玻璃棉到VIP芯材最后到真空保温墙板，另外青岛、厦门等地区在这方面也进行了相关研发与生产。

尽管目前真空隔热保温板的价格要比一般的保温材料贵很多，但由于其优异的性能仍然引起了广泛的关注。目前，相关企业正在进一步研发和完善这种真空保温板产品，预计其价格远期将会下调，并逐步实现市场化。

2010年我国建筑能耗约占全社会能耗的28%，预计2020年将增加到40%～50%。因此，我国建筑从粗放型向高效节能型的转变刻不容缓。利用真空隔热保温板优异的保温隔热性以及所需保温层厚度极薄的特点，如果在我国北方寒冷地区的建筑保温系统中应用，将会显示出巨大的优势。如在我国东北严寒地区，采用真空隔热保温墙板可以降低建筑墙体的厚度以节省空间，提高房屋容积率，进而提高房地产利润和居住舒适度。同时，在我国夏热冬暖地区作为外墙保温系统使用，也具有较大的优势。随着国家节能政策的颁布实施与人民生活水平的提高，真空隔热保温墙板将具有更加广阔的市场前景。

5.4.2　气凝胶保温材料

气凝胶材料发现于 20 世纪 30 年代，是一种保温性能优越的 A 级防火隔热材料，其导热系数一般在 0.013～0.03W/（m·K），远低于目前市场上已有的用于建筑保温节能领域的无机类保温材料，如岩棉板、膨胀玻化微珠保温砂浆、泡沫水泥板、泡沫玻璃等，与以上无机保温材料相比，气凝胶材料更具有性能优势。近年来，建筑保温节能领域火灾密集出现，揭示了目前市场上广泛应用的有机类保温材料的应用缺陷，如膨胀聚苯板（EPS）、挤塑聚苯板（XPS）等。建筑墙体保温材料防火等级提高是行业必然的发展趋势，发展和推广低导热系数的 A 级防火隔热材料是行业的重要任务。

Kistler 在 1931 年以水玻璃为原料采用超临界干燥方法首次成功地制备了 SiO_2气凝胶。纯气凝胶是一种由处于纳米级范畴的微粒子组成的固体材料，气凝胶中大量细小气孔的尺寸处于纳米级，并具有极高孔隙率和比表面积。气凝胶材料具有小粒径、低密度、高比表面积和高气孔率等结构特点，有效降低了热量传播的效率，使固态热传导率仅为均质材料的 0.2%左右，限制了空气分子在材料内部的对流，从而抑制了对流传热，并对热辐射形成阻碍效应，显示出了对热辐射的高遮挡效率，导致气凝胶的导热系数一般低于 0.02W/（m·K），甚至达到 0.013W/（m·K）。

1. 气凝胶材料的导热机理

热量在介质中以热传导、对流传热和辐射传热等 3 种方式扩散。热量在气凝胶中的传播也通过这 3 种方式实现，气凝胶材料通过结构设计很好地表现出对 3 种方式传热的热阻抗：①热传导—气凝胶密度非常小，具有极高的孔隙率，气凝胶的这些结构特点大大拖长了热量在材料内部传播的路径，有效降低了热量传播的效率，使固态热传导率仅为均质材料热导率的 0.2%左右；②对流传热—气凝胶的胶体颗粒尺寸为 3～20nm，而空气分子平均自由空间在 70nm 左右，空气分子在气凝胶材料内部没有足够的自由活动空间，因而，在气凝胶孔内没有空气对流，对流热传导率很低；③辐射传热—气凝胶的热辐射属于 3～5μm 区域内的红外热辐射，红外线波长范围为 0.7～14μm，因此，气凝胶材料对中红外光辐射有较好的对冲作用，又因气凝胶的多孔网络结构对热辐射形成层层障碍，显示出了对热辐射的高遮挡效率，故气凝胶具有较低的辐射热导率。气凝胶材料的热传导效率、对流传热效率和辐射传热效率都得到了有效的限制，所以，气凝胶具有非常低的导热系数，其在常温常压下为 0.01～0.03W/（m·K），是目前世界上导热系数最低的固体材料。

2. 气凝胶材料的制备

以 SiO_2气凝胶制备为例，其制备过程需要经过两个化学反应，前驱体（硅酸甲酯、水玻璃和正硅酸乙酯）在适当催化剂的作用下的水解反应及部分水解的有机硅发生缩聚反应。

$$Si(OR)_4 + 4H_2O \rightarrow Si(OH)_4 + 4HOR \text{（水解）} \quad (5\text{-}1)$$

$$nSi(OH)_4 \rightarrow (SiO_2)_n + 2nH_2O \text{（缩聚）} \quad (5\text{-}2)$$

以上化学反应的相对速度决定了最终气凝胶形成的状态。这两个化学反应对反应环境酸碱度呈现相反的响应，过酸的环境将抑制缩聚反应，促进水解反应；过碱的环境则相反。因而控制反应环境的 pH 值及其他工艺条件可以间接地控制气凝胶形成的颗粒大小、粒径分布等。

经过水解和缩聚反应形成的气凝胶必须经过干燥后才能形成具有实用价值的气凝胶材料。因气凝胶孔径为纳米级，直接干燥会破坏已经形成的气凝胶结构而得到粉末。因此，最初的干燥工艺采用超临界干燥技术，超临界干燥需要高温高压的苛刻条件，而且因为干燥介质中含有部分可燃物质而存在危险性。经过科技人员大量的工作，干燥条件已经向常温常压方向发展，也出现了多种多样的干燥工艺，如亚临界干燥工艺、“微分”干燥工艺、常压干燥工艺、传导干燥工艺以及蒸发干燥工艺等。

纯净气凝胶材料脆性大、强度低，不能直接应用，必须经过增强处理，以使其力学性能达到一定的指标要求。增强材料一般为纤维增强材料，常用纤维材料有莫来石纤维、硅酸铝纤维和玻璃纤维等。这些纤维增强材料一般为在气凝胶溶胶干燥过程之前加入，在干燥过程中纤维增强材料与气凝胶材料融合在一起，形成纤维增强气凝胶。另一种增强处理方法是先制成气凝胶的颗粒或者粉料，再掺入增强纤维和胶粘剂，经模压或浇筑成型制成复合体。这两种增强处理方法都能够显著地改善气凝胶的脆性，提高其韧性。

3. 气凝胶材料在墙体保温领域的应用

国内市场上已用于保温材料的气凝胶材料制品包括有毡材、板材、粉体、颗粒等。毡材和板材主要用于工业管道保温和设备保温等，粉体和颗粒主要用于制备复合材料。表 5-11 为目前市场上部分气凝胶产品与较常用墙体保温材料的性能对比。

表 5-11　几种气凝胶材料与常用保温材料的性能比较

项目	导热系数 [W/(m·K)]	燃烧等级	(干/堆)密度 (kg/m³)	结论
气凝胶毡材	≤0.020	A	160—200	不燃，隔热效果很好，较轻
气凝胶板材	≤0.020	A	180—250	不燃，隔热效果很好，较轻
气凝胶颗粒	≤0.020	A	40—380	不燃，隔热效果很好，密度可调
气凝胶粉体	≤0.020	A	40—380	不燃，隔热效果很好，密度可调
聚氨酯发泡板	0.017—0.023	B1—B2	45—60	可燃，隔热效果很好，轻质
酚醛乙烯发泡板	0.033	B1—B2	48	可燃，隔热效果好，轻质
聚苯乙烯发泡板	0.031—0.040	B1—B2	18—45	易燃，隔热效果好，很轻
岩棉板	0.040	A	140—200	不燃，隔热效果好，较好
膨胀玻化微珠保温砂浆	0.070—0.085	A	300—550	不燃，隔热效果一般，较重
陶粒保温砂浆	≤0.100	A	≤700	不燃，隔热效果差，很重

(1) 气凝胶节能门窗

气凝胶节能门窗是迄今为止气凝胶材料在建筑节能领域应用最多的一个方向。目前我国门窗耗能占到建筑围护结构耗能的 1/3～1/2，是建筑围护结构中保温隔热节能的薄弱环节。而建筑围护结构节能是建筑节能的主力军，因此，门窗结构的节能效果将极大地影响着整个建筑节能的实现。而且，目前我国的门窗节能水平与发达国家相比有很大的差距：在建筑能耗方面，我国居住建筑外窗单位能耗为气候条件相近发达国家的 1.5～2.2 倍。因此，增强门窗的保温隔热性能，减少门窗能耗，是建筑节能工作的重中之重。

玻璃的保温隔热性能由两个因素决定，遮蔽系数和传热系数。在玻璃的制造或者加工过程中采用适当的工艺，通过调节这两个参数可以达到调节玻璃保温性能的目的。在现有的建筑节能玻璃中也是根据这两个参数调节而发展来的，其中一条途径是采用镀膜工艺，在玻璃表面镀具有热反射、吸收、低辐射等功能的膜层，以达到降低玻璃的遮蔽系数的目的；另一条途径是通过中空玻璃、真空玻璃、夹层玻璃等来降低玻璃的传热系数，气凝胶节能门窗就是通过这条途径实现门窗节能的。

气凝胶节能门窗具有优秀的保温效果。厚度为 25mm 的气凝胶节能玻璃的传热系数只有相当厚度的双层玻璃的 2/5，低至 0.57 W/（m^2·K），同时可以保持透光率为 45%，太阳能总透射率为 43%。这种保温隔热效果和透光性都很好的气凝胶玻璃适合应用于购物广场和游泳池的采光屋顶上。

目前国外就气凝胶节能门窗的研究主要集中在以颗粒状气凝胶制作新型二氧化硅气凝胶透光隔热玻璃门窗和以整块气凝胶制作夹层节能玻璃两个方向。前者主要是将一定粒度和颗粒级配的气凝胶颗粒填充在两层透明硬体材料的空腔中，以达到降低门窗传热系数的目的，后者是以整块气凝胶材料作为芯材制作夹层玻璃，而大块气凝胶材料的工业化制备仍然是技术难点，大大限制了其推广使用。

（2）气凝胶墙体保温材料

目前，用于外墙外保温系统的保温功能材料可以分为有机保温材料和无机保温材料。气凝胶材料为无机保温材料，燃烧等级为 A 级，其导热系数一般为 0.020W/（m·K）左右，是膨胀玻化微珠保温砂浆的 1/3，是岩棉板的 1/2，是 EPS/XPS 板的 1/2，其成型的板材或者毡材的密度为 160～250kg/m^3，虽然比有机保温材料重，但是为膨胀玻化微珠保温砂浆密度的 1/2，与岩棉板相当。由此可见，气凝胶材料不论与现有有机保温材料或者无机保温材料相比都具有很大的优势。将目前市场上成熟的墙体保温系统中保温材料使用气凝胶材料进行合理的替代，并对辅助材料配方进行合理调整可以起到集成各方优势的效果。

（3）气凝胶颗粒在保温砂浆中的应用

气凝胶颗粒的粒径为 0.5～5.0mm，密度为 40～380kg/m^3，孔径为 25～45nm，可以控制工艺条件制备出合适粒径及密度的气凝胶颗粒材料。这样的气凝胶颗粒材料可与普通无机胶凝材料复合制备保温砂浆，根据用途不同调节配比可以作为墙体外保温层材料、墙体夹芯保温填充层材料等。现在市场上常见的有膨胀玻化微珠保温砂浆、胶粉聚苯颗粒保温砂浆以及陶粒保温砂浆等。应用最广泛的保温砂浆产品为膨胀玻化微珠保温砂浆，其干密度为80～120kg/m^3，导热系数为 0.045～0.07W/（m·K）。因此，结合气凝胶材料超低的导热系数的优势，气凝胶颗粒材料在保温砂浆中的应用不仅具有可行性，还具有一定的优势。

（4）气凝胶应用于屋面太阳能集热器

气凝胶材料应用于屋面太阳能集热器的实例在国外已经有很长时间，其主要应用在民用领域的太阳能热水器及其他集热装置的保温领域。气凝胶保温材料的使用提高了太阳能的利用效率，也提高了太阳能热水器及其他集热装置的实用性。将气凝胶材料应用于热水器的储水箱、管道和集热器，将比现有太阳能热水器的集热效率提高 1 倍以上，而热损失下降到现有水平的 30%以下。国外研究出了一种新型气凝胶真空集热器，这种背面使用不透明无定形硅绝热材料的集热器的正面用颗粒状的气凝胶进行填充。这种集热器正面气凝胶填充层中所使用的颗粒要进行合理的搭配设计以最大限度地减小间隙空气对集热器导热系数的影响。

综上所述，气凝胶材料以其独特的结构所表现出的优异的保温隔热性能、优异的防火性能使其具有在墙体保温中应用的可能性。其可能性表现在气凝胶材料可以替代现有有机保温板在外墙外保温系统中的应用；气凝胶替代无机玻化微珠、陶粒、陶砂、聚苯颗粒等在保温砂浆中应用；掺入气凝胶材料改善保温涂料性能的应用；气凝胶材料在保温装饰一体化板中应用等。因此，气凝胶材料具有在墙体保温领域应用的前景。

5.4.3 纳米复合纤维保温毡

纳米复合纤维保温毡是近年来发展起来的一种新型保温材料。纳米复合纤维保温毡，主要采用毛绒产品的残渣下脚料、再生纤维，通过梳理、针刺、涂层、烘干、压光定型等工艺，采用高分子聚合物和纳米材料技术，综合进行功能性加工而成。纳米复合纤维保温毡具有冬季保温、夏季防晒、防潮湿、防雨雪等自然灾害，阻燃、抗污染、抗静电等多种功能，并且具有质量轻、强度高、使用寿命长的特点。适用于温室、屋顶、墙体、管道保温及军用帐篷、高寒地区野外作业等多种用途，是大棚种植、养殖业、建筑业、管道业保温材料的一次重大革命，是保温行业的先锋。

目前生产的纳米复合纤维保温毡有复合型和热熔复合型两大系列，其中复合型纳米保温毡包括：双层帆布复合纤维保温帐篷专用毡、墙体屋面保温毡、纤维铺垫包装毡、厚型双层防水毡、双层防水保温毡、单层防雨雪吸湿透气型保温毡、单层保温防碰撞防摩擦保温毡、水产养殖温室覆盖保温毡、普通养殖水产温室保温防晒保温毡等。

热熔复合型主要为厚重型、中厚型和轻型三种。厚重型具有热融合、强防水、保温的特点，中厚型和轻型均具有热融合、强防水的特点。

纳米复合纤维保温毡在各行业的应用状况如下所示：

（1）种植业、养殖业：可适用于蔬菜大棚、食用菌大棚、家畜家禽、水产养殖大棚的覆盖，取代草帘子。

（2）工程：高速公路、隧道工程保湿、防晒。

（3）民政部：抗洪、防灾、救灾物资（可用于铺、盖、帐篷）。

（4）建筑业：用于楼顶可防雨雪、保温，代替沥青、油毛毡、SBS起到黏合的作用；用于建筑外墙、内墙，可抗紫外线、保温、隔声。

（5）军用：帐篷、帐篷内地毯、装甲车防寒罩等。

（6）工业：各发电厂（管道外包装）、轮船、汽车制造业（内衬）、飞机、车内地毯、西气东输（管道外包装）。

（7）园林业：可方便草皮整体移植，起到节水保湿的作用。

（8）运输业：可做家具、大型物件、易碎、贵重物品包装。

（9）家具业：可做沙发、床垫内衬。

纳米复合纤维保温毡产品的应用实例已表明：纳米复合纤维保温毡用于建筑的墙体、屋面的保温是切实可行的。如果和建筑业比较常用的聚氨酯保温材料对比，由纤维和防水卷材及防水涂层组成的纳米复合纤维保温毡，具有更好的耐酸碱、抗老化性能，使用寿命10年以上。

参考文献

[1] 彭程，吴会军，丁云飞．建筑保温隔热材料的研究及应用进展［J］，节能技术，2010，28（162）．
[2] 祝频．真空隔热保温板的研究现状与发展方向［J］，广东土木与建筑，2010（12）：20-21.
[3] 姚钟莹，陈晓曦．STP超薄真空保温板的性能与应用［J］．建筑节能，2014，42（278）．
[4] 于晓，周爱军．VIP真空保温板［J］，新型建筑材料，2006（11）：33-34.
[5] 段焕林，李刚，王冰．真空隔热板在电冰箱隔热保温中应用分析［J］，真空，2006，43（6）．
[6] 李庆彬，潘志华．轻质隔热材料的研究现状及其发展趋势［J］，硅酸盐通报，2011，30（5）．

[7] 郭晓煜，张光磊，赵霄云，秦国强，李广鹏．气凝胶在建筑节能领域的应用形式与效果 [J]，硅酸盐通报，2015.34 (2)．
[8] 程颐，成时亮．气凝胶材料及其在建筑节能领域的应用与探讨 [J]，建筑节能，2012，40 (251)．
[9] 张世超．低导热纳米氧化硅隔热材料的制备及性能研究 [D]．北京：中国建筑材料科学研究总院，2015.
[10] 张娜．低热导率硅酸盐纤维复合隔热材料研究 [D]．济南：山东大学，2006.
[11] 衡水市江龙科贸有限公司．纳米复合纤维保温毡——温室保温材料的新秀 [J]，农村实用工程技术：温室园艺，2004 (10)．
[12] 中国保温材料市场调研与行业前景预测．2015年，报告编号：1550050.
[13] 吴雪樵．浅析无机保温材料的分类及应用前景 [J]．居业，2014 (12)．
[14] 2013—2018年中国水泥压力板市场发展现状及投资价值分析报告．2013年，报告编号：24957.
[15] 刘运学，盛忠章，韩喜林．有机保温材料及应用 [M]．哈尔滨：哈尔滨工业大学出版社，2015.
[16] 田英良，张磊，顾振华．国内外泡沫玻璃发展概况和生产工艺 [J]．玻璃与搪瓷，2010，38 (1)．
[17] 王禹阶．无机玻璃钢的工艺及应用 [M]．北京：化学工业出版社，2004.
[18] 中国保温材料市场调研与行业前景预测．2015年，报告编号：1550050.
[19] 吴雪樵．浅析无机保温材料的分类及应用前景 [J]．居业，2014 (12)．
[20] 刘春，丁明龙．岩棉熔制池窑法与工艺冲天炉法对比 [J]．保温材料与建筑节能，2011 (4)：14～18.
[21] 宋长友，黄振利，陈丹林等．岩棉外墙外保温系统技术研究与应用 [J]．建筑科学，2008 (2)．
[22] 张轶楠．岩棉板的生产与应用 [J]．辽宁建材，2011 (10)．
[23] 2013—2018年中国水泥压力板市场发展现状及投资价值分析报告．2013年，报告编号：24957.
[24] 王学成，张春丽．发泡水泥保温板的性能浅析 [J]．墙材革新与建筑节能，2013 (12)．
[25] 李峰，胡琳娜．发泡水泥材料的研究进展 [J]．混凝土，2008 (5)．
[26] 张萌，田清波，徐丽娜等．发泡水泥的研究现状及展望 [J]．硅酸盐通报，2014 (10)．
[27] 侯彦叶，李冬梅．我国发泡水泥保温板的研究现状 [J]．四川化工，2014 (2)．
[28] 刘林杰，丁亚斌，龙飞．发泡水泥保温板大规模全自动生产线研究与创新 [J]．中国建材科技，2015 (6)．
[29] 陶娅龄．泡沫玻璃及其保温系统在建筑节能领域应用的探讨 [J]．上海节能，2016 (2)．
[30] 张剑波，吴勇生．泡沫玻璃的研究进展 [J]．中国资源综合利用，2010 (4)．
[31] 田英良，张磊，顾振华等．国内外泡沫玻璃发展概况和生产工艺 [J]．玻璃与搪瓷，2010 (1)．
[32] 俞锡贤．浅谈无机隔热保温砂浆及其发展趋势 [J]．
[33] 邹凌凯．无机保温砂浆的开发与研究 [J]．福建建筑，2009 (12)．
[34] 唐楷，黄守斌，缪建波等．无机保温砂浆应用技术发展进展 [J]．四川建筑，2012 (4)．
[35] 刘运学，盛忠章，韩喜林．有机保温材料及应用．哈尔滨工业大学出版社，2015.
[36] 秦砚瑶，刘军．有机类保温材料应用现状分析 [J]．重庆建筑，2014 (10)．
[37] 熊煦，袁青青，葛雪峰等．有机泡沫保温材料的研究现状 [J]．科视界，2014 (3)
[38] 张胜，李玉玲，谷晓昱等．聚苯乙烯泡沫塑料阻燃方法的研究进展 [J]．塑料．2013 (4)．
[39] 魏和中．期刊聚苯乙烯XPS板与EPS板应用分析 [J]．化学建材，2008 (2)．
[40] 王勇，王向东李莹．中国挤塑聚苯乙烯泡沫塑料（XPS）行业HCFCs替代技术现状与发展趋势 [J]．中国塑料，2011 (10)．
[41] 王勇．中国挤塑聚苯乙烯（XPS）泡沫塑料行业现状与发展趋势 [J]．中国塑料，2010 (4)．
[42] 刘太冰．XPS挤塑聚苯乙烯发泡板材市场前景广阔 [J]．塑料制造，2010 (4)．
[43] 李娟，郭晓林，李莹．挤塑聚苯乙烯泡沫塑料技术发展动向及市场状况分析 [J]．中国塑料，2015 (1)
[44] 何秀华，丘煊元．酚醛泡沫板生产设备特点及发展 [J]．保温材料与节能技术，2012 (5)．
[45] 胡丽华，扈丹，李红红等．酚醛泡沫板用表面活性剂复配体系的研究和应用 [J]．山东化工，2015 (10)
[46] 吴林志．酚醛树脂合成和酚醛泡沫板材的制备 [D]．郑州：郑州大学，2013.
[47] 姚家伟，侯兆铭，姚亦舒．酚醛泡沫材料在外墙保温中的性能分析与推广 [J]．山西建筑，2012 (18)
[48] 张鸿志．聚氨酯在建筑节能中的应用前景探讨 [J]．广东建材，2010 (7)．
[49] 刘洋，张鹏．浅析硬质聚氨酯泡沫塑料在建筑保温中的应用及推广 [J]．黑龙江科技信息，2008 (29)．
[50] 朱长春，翁汉元，吕国会等．国内外聚氨酯工业最新发展状况 [J]．化学推进剂与高分子材料，2012 (5)．
[51] 俞毅．全水发泡硬质聚氨酯泡沫的制备及改性研究 [D]．吉林：吉林建筑大学，2015.

[52] 刘志成，崔琪，李清海．玻璃纤维增强水泥（GRC）研究与发展综述［J］．中国建材科技，2015（3）．
[53] 王志伟．玻璃纤维增强水泥板生产技术与应用［J］．科技与企业，2014（15）．
[54] 崔艳玲．GRC的耐久性及其机理研究［D］．北京：中国建筑材料科学研究总院，2007.
[55] 殷仲海．聚苯乙烯颗粒复合硅酸盐保温隔热材料的研制及应用［D］．武汉：武汉理工大学，2002.
[56] 刘芬．复合聚苯乙烯颗粒保温砂浆的热湿传递性能及其对建筑能耗的影响［D］．长沙：中南大学，2008.
[57] 焦兆福，闫枫，徐丽．保温装饰一体化板中防火隔离带的设计与应用［J］．上海涂料，2011，49（3）．
[58] 徐俊．外墙保温装饰一体化材料关键性能研究——以聚氨酯铝合金复合板为例［D］．合肥：安徽建筑大学，2013.
[59] 章天刚．仿石型保温装饰一体化板的研制与开发［D］．杭州：浙江工业大学，2015.

第6章 自保温墙体

6.1 自保温墙体

6.1.1 墙体保温现状

目前建筑市场上主流的外墙保温做法有四种：外墙外保温、外墙内保温、夹芯墙、混凝土复合保温砌块砌体。

外墙外保温是在主体墙（钢筋混凝土、砌块等）外面粘挂XPS（绝热用挤塑聚苯乙烯泡沫塑料）、EPS（绝热用模塑聚苯乙烯泡沫塑料）、岩棉、喷涂聚氨酯等导热系数低的高效保温材料，以减小墙体传热系数来满足要求。除了这几种外保温构造形式，还有FS外模板现浇混凝土复合保温技术（即免拆模外保温复合板技术）、EPS单面钢丝网架现浇混凝土外保温体系、EPS单面钢丝网架机械固定外保温体系等几种做法。

FS外模板现浇混凝土复合保温系统（免拆模复合保温板技术）是以水泥基双面层复合保温板为永久性外模板，内侧浇筑混凝土，外侧抹抗裂砂浆保护层，通过连接件将双面层复合保温模板与混凝土牢固连接在一起而形成的保温结构体系。该体系属于现浇钢筋混凝土复合保温结构体系，适用于工业与民用建筑框架结构、剪力墙结构的外墙、柱、梁等现浇混凝土结构工程。所以，在外墙外保温体系中的梁柱、剪力墙部位，采用FS外模板现浇混凝土复合保温板技术。

EPS单面钢丝网架现浇混凝土外保温体系是外保温开始起步时的几种做法之一，俗称大模内置保温板。EPS单面钢丝网架保温板是在钢丝网架夹芯板（泰柏板）的基础上，结合剪力墙的支模浇筑体系研制而成。支模时置于现浇混凝土外模内侧，并以锚筋钩紧钢丝网片作为辅助固定措施，与钢筋混凝土外墙浇筑为一体。拆模后，在保温板上抹聚合物抗裂水泥砂浆做保护层，裹覆钢丝网片，表面做涂料或面砖饰层。该保温体系属于厚抹灰层。

外墙内保温是在主体墙（钢筋混凝土、砌块等）内侧敷设高效保温材料，形成复合外墙减小墙体传热系数来满足要求。我国刚开始推进建筑节能时，在外墙内部用双灰粉、保温砂浆等，就是典型的内保温形式。

夹芯墙是在墙体砌筑过程中采用内外两叶墙中间加绝热材料的构造做法，如东北地区用聚苯板建造夹芯墙，甘肃地区的太阳能建筑用岩棉建造夹芯墙等。

复合保温砌块砌体是新近发展迅速的一种构造，是用高热阻的夹芯复合砌块直接砌筑满足要求的外墙。

这几种做法各有特点：外墙外保温是现在提倡的主流做法，有消除热桥、增大使用面积、保护主体结构等优点，缺点是施工技术难度高、工序多、施工周期长，且近几年各地外墙外表面开裂、脱落的现象时有发生，所以其耐久性一直是困扰其发展的瓶颈。内保温的优点是施工方便、保温材料的使用环境好，不受紫外线、风雨、高温、冷冻等恶劣条件影响。缺点是不能阻断热桥、减小房屋使用面积、装修容易破坏保温层等。夹芯墙体的优点是保温隔热性能好、可阻断大部分热桥、与外保温相比造价低、墙面不易出现裂缝。缺点是施工难度大、砌筑质量要求高、工期长。

6.1.2 墙体自保温与建筑工业化

已有的外墙保温体系归纳起来主要有以下 3 个主要问题：第一，建筑保温与结构不同寿命；第二，火灾隐患无法避免；第三，外保温通病无法克服。

有没有一种结构形式，既能够达到建筑要求，又能够与建筑同寿命，同时提高施工效率？这样的墙体自保温技术逐渐进入人们视野。按人们的预期，墙体自保温技术集成了节能、工业化等各种要素。

预制构件形式近年来得到大力发展，是新型建筑工业化的主要内容。发展新型建筑工业化才能更好地实现工程建设的专业化、协作化和集约化，这是工程建设实现社会化大生产的重要前提。

新型建筑工业化是实现绿色建造的工业化。绿色建造是指在工程建设的全过程中，最大限度地节约资源（节能、节地、节水、节材）、保护环境和减少污染，为人们建造健康、舒适的房屋。建筑业是实现绿色建造的主体，是国民经济支柱产业，全社会 50%以上固定资产投资都要通过建筑业才能形成新的生产能力或使用价值。新型建筑工业化是城乡建设实现节能减排和资源节约的有效途径、是实现绿色建造的保证、是解决建筑行业发展模式粗放问题的必然选择。其主要特征具体体现在：通过标准化设计的优化，减少因设计不合理导致的材料、资源浪费；通过工厂化生产，减少现场手工湿作业带来的建筑垃圾、污水排放、固体废弃物弃置；通过装配化施工，减少噪声排放、现场扬尘、运输遗洒，提高施工质量和效率；通过采用信息化技术，依靠动态参数，实施定量、动态的施工管理，以最少的资源投入，达到高效、低耗和环保。绿色建造是系统工程、是建筑业整体素质的提升、是现代工业文明的主要标志。建筑工业化的绿色发展必须依靠技术支撑，必须将绿色建造的理念贯穿到工程建设的全过程。

概言之，新型建筑工业化是以构件预制化生产、装配式施工为生产方式，以设计标准化、构件部品化、施工机械化为特征，能够整合设计、生产、施工等整个产业链，实现建筑产品节能、环保、全生命周期价值最大化的可持续发展的新型建筑生产方式。

在此基础上，随着建筑节能政策和技术标准推进发展起来一种集结构和保温功能于一体的围护结构形式——自保温墙体，根据荷载可分为称重结构体系和非承重的填充墙结构体系，根据施工顺序可分为预制构件体系和现场施工体系。自从 2013 年以来，住房和城乡建设部已经发布了关于自保温技术的行业标准和技术规程，比如《自保温混凝土复合砌块》（JG/T 407—2013）和《自保温混凝土复合砌块墙体应用技术规程》（JG/T 323—2014），《自保温混凝土复合砌块》（JG/T407—2013）规定了填插砌块空心的 XPS、EPS、聚苯乙烯颗粒保温浆料、泡沫混凝土等材料的技术要求。以及之前发布的《烧结保温砖和保温砌块》（GB26538—2011），自保温砌体结构用的保温砖和保温砌块的产品标准技术规程基本齐全。保温砌块主要技术指标如表 6-1、表 6-2、表 6-3、表 6-4 所示。

表 6-1　自保温砌块密度等级

密度等级	砌块干表观密度的范围/（kg/m³）
500	≤500
600	510～600
700	610～700
800	710～800
900	810～900
1000	910～1000
1100	1010～1100
1200	1110～1200
1300	1210～1300

表 6-2　自保温砌块强度等级

强度等级	砌块抗压强度/MPa	
	平均值	最小值
MU3.5	≥3.5	≥2.8
MU5.0	≥5.0	≥4.0
MU7.5	≥7.5	≥6.0
MU10	≥10.0	≥8.0
MU15	≥15.0	≥12.0

表 6-3　自保温砌块当量导热系数等级

当量导热系数等级	砌体当量导热系数/［W/（m·K）］
EC10	≤0.10
EC15	0.11～0.15
EC20	0.16～0.20
EC25	0.21～0.25
EC30	0.26～0.30
EC35	0.31～0.35
EC40	0.36～0.40

表 6-4　烧结保温砖和保温砌块传热系数等级

当量导热系数等级	单层试样传热系数 K 值的实测值范围 W/（m²·K）
2.00	1.51～2.00
1.50	1.36～1.50
1.35	1.01～1.35
1.00	0.91～1.00
0.90	0.81～0.90
0.80	0.71～0.80
0.70	0.61～0.70
0.60	0.51～0.60
0.50	0.41～0.50
0.40	0.31～0.40

夹芯混凝土砌块自保温墙体是一种实现外墙保温和围护两种功能的墙体，优点是不影响房屋使用面积、施工方便、工期短，与复合保温墙体相比造价低，并且保温材料在墙体内可以有效延长使用周期，是一种发展前景良好的建筑保温结构工法。

表 6-3、表 6-4 规定了保温砌块和保温砖的传热性能，表 6-3 中给出了自保温砌块的当量导热系数，根据墙体厚度可以很容易地计算出墙体的热阻和传热系数。表 6-4 给出了烧结保温砖和保温砌块的传热系数，可以根据建筑物所处的建筑气候环境、层高、建筑形式等要素直接选用相应传热系数等级的产品，达到建筑节能设计标准要求的传热系数限值要求。

但是用复合保温砌块砌筑的墙体并不一定就能够达到墙体自保温的目的，下一节通过自保温砌块砌体的热阻计算可以很清楚地显示自保温墙体的传热性能。

6.2 自保温墙体热工性能

6.2.1 自保温砌块形式

自保温砌块也有的称之为复合保温砌块、夹芯砌块等，就是中间加有高效保温隔热材料的砌块，顾名思义就是该材料可以达到围护和保温的双重目的。其保温隔热性能取决于 3 个要素：基材、孔型、夹芯材料。

目前混凝土砌块的基本材质有普通混凝土、泡沫混凝土、轻骨料混凝土等几种；其孔型有单排孔、2 排孔、3 排孔、4 排孔等；空心填充材料有聚苯板、珍珠岩、泡沫混凝土、聚氨酯等。通常情况下，孔型可根据要求更换成型机模具来满足，夹芯材料基本上多用 EPS，砌块的材质受资源条件的影响，其种类较多。混凝土砌块主要块型如图 6-1 所示。

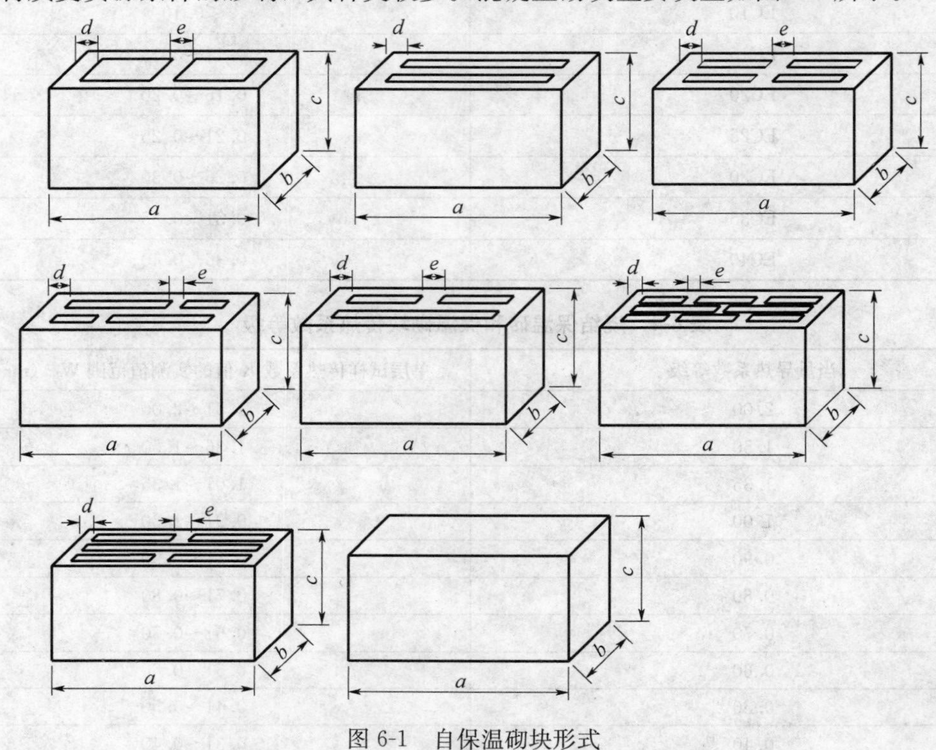

图 6-1 自保温砌块形式

自保温墙体因为诸多优点，受到人们广泛的接受。但是其热性能并没有被准确理解，在应用过程中还存在一些认识上的误区。下面进行一组自保温砌块砌筑的自保温墙体传热系数计算，从中可以了解该类墙体的热工性能。

6.2.2　夹芯砌块及砌体的传热性能

夹芯混凝土砌块及砌体是非均质材料，其传热性能以平均热阻或传热系数表示均可。按习惯用法，砌块的传热性能用热阻表示，砌体的传热性能用传热系数表示。夹芯砌块的热阻及砌体的传热系数计算的理论依据是《民用建筑热工设计规范》（GB 50176－2016）中复合结构的传热问题。

图 6-2 所示是市场销售的某企业生产的夹芯砌块，用于砌筑节能建筑的自保温外墙。该砌块的主要技术特性为：砌块基材是普通混凝土，中间填充的夹芯隔热材料是模塑聚苯乙烯泡沫塑料保温板（EPS，下面简称聚苯板）。单排双孔结构。查建筑热工设计参数选用表，得到它们的基本参数分别是：

砌块的混凝土基材：密度 2300kg/m^3，在常温状态下导热系数为 1.51W/（m·K）。

夹芯材料 EPS：密度 20～30kg/m^3，常温状态下导热系数为 0.042W/（m·K）。

砌块规格为 390mm×240mm×190mm，平均壁厚 32.5mm，平均肋宽 40mm，如图 6-3 所示。

图 6-4 是用该砌块砌筑的外墙结构组成示意图。

图 6-5 是用该砌块砌筑的自保温外墙结构截面及剖面示意图。

(a) 空心砌块　　(b) 加EPS的夹芯砌块

图 6-2　夹芯砌块

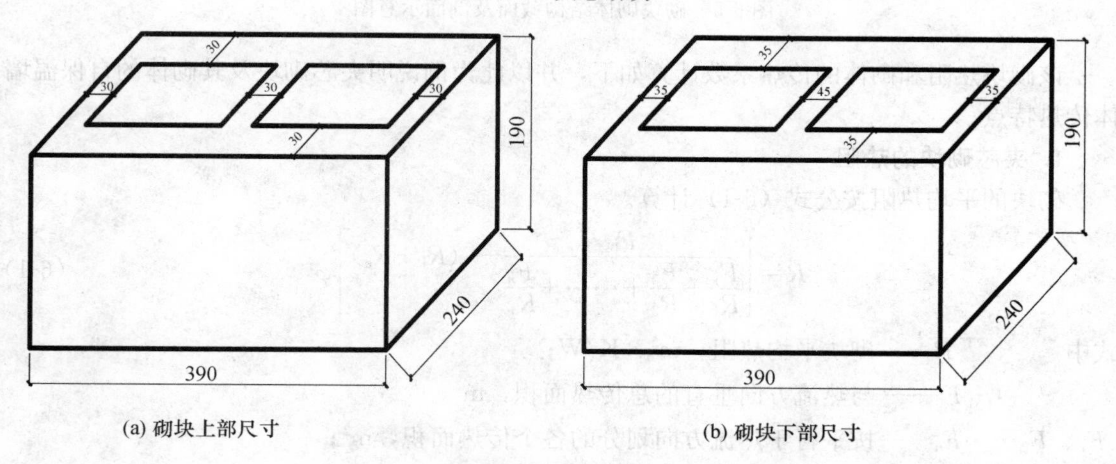

(a) 砌块上部尺寸　　(b) 砌块下部尺寸

图 6-3　砌块尺寸示意图

图 6-4　砌块砌体外墙结构组成示意图

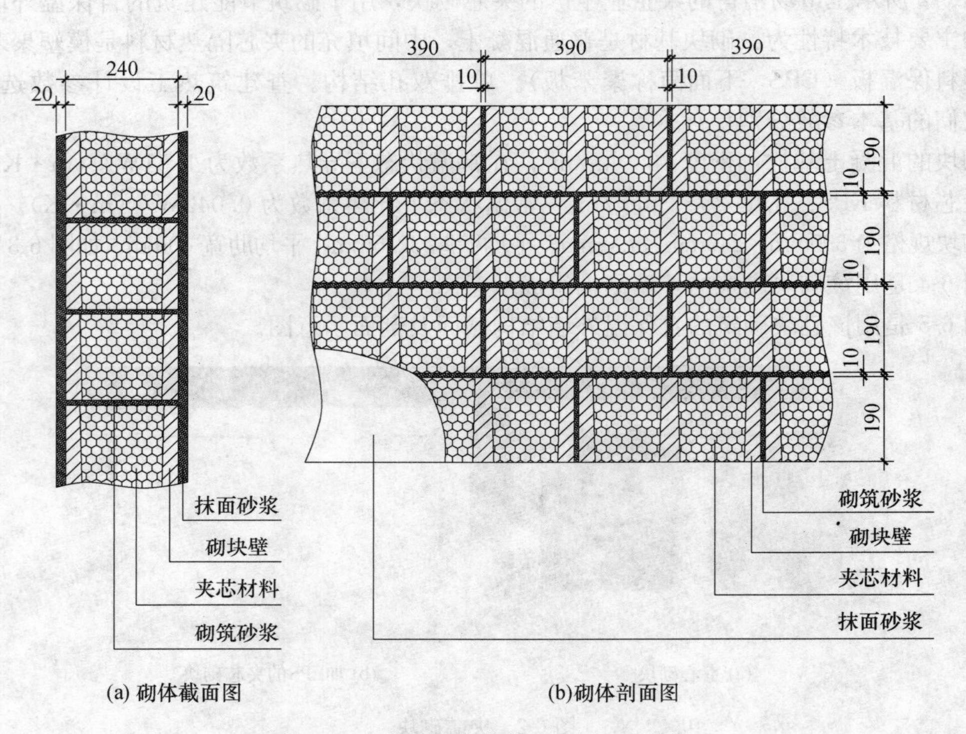

图 6-5　砌块砌体结构截面及剖面示意图

该砌块热阻和砌体的传热系数计算如下，并以此为例说明夹芯砌块及其砌体的自保温墙体传热特点。

1. 夹芯砌块的热阻

砌块的平均热阻按公式（6-1）计算。

$$\bar{R}=\left[\frac{F_0}{\frac{F_1}{R_1}+\frac{F_2}{R_2}+\cdots\cdots+\frac{F_n}{R_n}}-(R_\mathrm{i}+R_\mathrm{e})\right]\varphi \tag{6-1}$$

式中　$\bar{R}$——砌块平均热阻，$m^2\cdot K/W$；

F_0——与热流方向垂直的总传热面积，m^2；

F_1、F_2……F_n——按平行于热流方向划分的各个传热面积，m^2；

R_1、R_2……R_n——各个传热面积部位的传热阻，$m^2\cdot K/W$；

R_i——内表面换热阻，取 0.11m²·K/W；

R_e——外表面换热阻，取 0.04 m²·K/W；

φ——修正系数，按 GB 50193—1993 附表 2.1 中数据选用。

其中：R_1、R_2……R_n 按单层均质材料考虑，其值由公式（6-2）计算得出。

$$R=\frac{d}{\lambda} \tag{6-2}$$

式中 R——材料层的热阻，m²·K/W；

d——材料层的厚度，m；

λ——材料的导热系数，W/（m·K）。

在平行热流方向上，将砌块分为5个单元。这样砌块的平均热阻可以计算如下：

$$\bar{R}=\left[\frac{0.39\times0.19}{\frac{0.0325\times0.19}{0.159}\times2+\frac{0.1425\times0.19}{4.21}\times2+\frac{0.040\times0.19}{0.159}}-(0.11+0.04)\right]\times0.86$$

$=0.331$（m²·K/W）

2. 夹芯砌体的传热系数计算

以上通过计算得到的是砌块的平均热阻。下面进一步计算用该砌块砌筑的砌体的传热性能。

砌块在实际使用时要砌筑成砌体。计算砌体的热阻、传热阻、传热系数时，要考虑砌筑砂浆的厚度和导热系数，以及抹面砂浆的厚度和导热系数。在这种情况下，需分步计算：（1）先计算砌体中砌块的面积和砌筑砂浆灰缝的面积；（2）按公式（6-2）计算出砌筑砂浆灰缝的热阻（砌筑砂浆可按均质材料计算）；（3）根据砌体中砌块和砌筑砂浆所占面积比例，按面积加权的方法计算出砌体主体部位的平均热阻；（4）测量抹面砂浆的厚度，按公式（6-2）计算抹面砂浆的热阻；（5）再按多层材料复合结构热阻计算公式，计算出砌体最终的热阻；（6）将上面得到的砌体最终热阻代入公式（6-3）和公式（6-4），计算出砌体的传热阻和传热系数。

$$R_0=R_i+R+R_e \tag{6-3}$$

$$K=\frac{1}{R_0}=\frac{1}{R_i+R+R_e} \tag{6-4}$$

式中 K——传热系数，W/m²·K；

R——砌体热阻，m²·K/W；

R_0——砌体传热阻，m²·K/W。

设砌体中砌筑砂浆层的面积为 F_s，导热系数为 λ_s，热阻为 R_s；砌块面积为 F_b，砌块热阻为 R_b；砌体（指不含抹灰砂浆的砌块砌筑体）的热阻为 R_z；抹面砂浆的导热系数为 λ_m，热阻为 R_m；砌筑墙体（指包括两面的抹面砂浆）的热阻为 R_q；砌筑墙体的传热阻为 R_q0；砌筑墙体的传热系数为 K_q；砌筑灰缝厚度为10mm，抹面砂浆的厚度为20mm。按图6-5所示砌筑状况，计算1m²砌体的热阻和传热系数。

（1）砌筑砂浆缝的面积及热阻

1m² 砌体在高度方向有5层砂浆缝，因此横向缝长为5层砂浆缝长之和

横向缝长为1m/层×5层=5m

竖向缝长为相邻砌块的缝长之和，1m² 砌体共有11条纵向缝，因此其缝长为0.19m/条×11条=2.09m，砂浆厚度为0.01m，则砂浆缝面积为：

$$F_s=(1\times 5+0.19\times 11)\times 0.01=0.0709\ (m^2)$$

砌筑砂浆缝的热阻 $R_s=d_s\div\lambda_s=0.24\div 0.93=0.258\ (m^2\cdot K/W)$

（2）砌块所占面积及热阻

$$F_b=1-F_s=1-0.0709=0.9291\ (m^2)$$

根据前面计算，我们知道砌块热阻 $R_b=0.331\ (m^2\cdot K/W)$

（3）砌体加权平均热阻值为

$$R_z=\frac{F_s\cdot R_s+F_b\cdot R_b}{F_s+F_b}=\frac{0.0709\times 0.258+0.9291\times 0.331}{0.0709+0.9291}$$

$$=\frac{0.0183+0.3075}{1}=0.326\ (m^2\cdot K/W)$$

（4）抹面砂浆的热阻

$$R_m=\frac{d_m}{\lambda_m}\times 2=0.02\div 0.93\times 2=0.044\ (m^2\cdot K/W)$$

式中　d_m——抹面砂浆厚度，m；

λ_m——抹面砂浆导热系数，W/（m·k）。

（5）砌体（包括两面的抹面砂浆）热阻

$$R_q=R_z+R_m=0.326+0.044=0.370\ (m^2\cdot K/W)$$

（6）砌体传热阻及传热系数

$$R_{q0}=R_i+R_q+R_e=0.11+0.370+0.04=0.52\ (m^2\cdot K/W)$$

$$K_q=1\div R_{q0}=1\div 0.52=1.92\ W/(m^2\cdot K)$$

这个值就是图 6-3 所示的 390mm×240mm×190mm 单排双孔聚苯乙烯夹芯混凝土砌块、用导热系数 0.93 W/（m·K）的砂浆砌筑和抹灰、砌筑灰缝为 10mm、双面抹灰厚度各为 20mm 的砌筑砌体墙体的传热系数。对比建筑节能设计标准可以明确看到，这个值远远大于大多数地区 65％节能设计标准中外墙传热系数小于 0.6W/（m²·K）的限值要求，甚至是达到限值的 3～4 倍。其他块型复合保温砌块及砌筑的自保温墙体，可以参照上面的计算方法进行计算。

在某块型砌块中，在垂直热流方向上，砌块壁和肋所占面积共为 27％，保温材料所占面积为 73％；如果按体积计算，夹芯保温材料占整个砌块体积的 53.3％。虽然夹芯材料为绝热性能优良的发泡聚苯乙烯板，其导热系数仅为 0.042W/（m·K）。当其厚度为 175mm 时，自身热阻为 4.17m²·K/W，但此时整个砌块的平均热阻却只有 0.40（m²·K/W）左右。

3. 夹芯砌块自保温砌体传热特点

（1）夹芯砌块热阻影响因素

通过上面的计算可以得知，影响夹芯砌块热阻的因素有：砌块的规格尺寸、砌块孔型、砌块混凝土基材、夹芯材料的厚度及导热性能等，主要取决于两部分：一部分是砌块基材，另一部分是夹芯的保温隔热材料。

（2）夹芯砌块孔型的设计不能照搬空心砌块的设计思路。

空心砌块应尽量设置多排孔以充分利用空气层增大砌块热阻，使得相同砌块体积具有最大的热阻，但是夹芯砌块的孔型设置应尽量简单整齐以充分利用夹芯高效保温材料的热阻，提高砌块的热阻，减小砌体的传热系数。

（3）夹芯砌块自保温墙体“三大”热桥——“热格栅”

对于夹芯砌块砌筑的砌体外墙而言，用夹芯砌块、砌筑砂浆砌筑而成的自保温墙体而言，其热阻主要由砌筑砂浆、砌块基材、中间的保温材料和内外表面换热阻几部分组成，其中内外表面的换热阻取决于墙体内外的热环境，一般不会有大的变化，行业内已经积累了比较丰富的经验值，热工设计规范给出了各种状态下的取值范围。因此，砌体中可变的有三部分：砌筑砂浆、砌块基材和中间的保温材料。这个砌体与建筑物的梁柱构成建筑物围护结构的自保温墙体。这种墙体存在三大热桥：（a）砌块边壁和肋是导热系数较高的材料，形成第一个热桥；（b）砌筑砂浆形成第二个热桥；（c）建筑物围护结构的梁板柱部位的材料通常是钢筋混凝土，其导热系数高达1.74 W/（m·K），会形成第三个热桥。这样的结构可以很形象地称之为“热格栅”。由于采用夹芯保温结构时，基于经济等因素考虑主体墙不可能再做内外保温层，可能会出现虽然砌块平均热阻达到要求，但砌筑砌体形成热桥，在严寒或寒冷地区如果使用不当，会产生严重的漏热甚至引起受潮结露等现象。

（4）夹芯砌块自保温墙体构造关键节点

通过以上的分析可知，要想得到满足设计要求的自保温墙体，必须进行精心设计块型和优选保温材料，利用低导热系数的砌块基材、低导热系数的砌筑砂浆，然后在梁板柱部位用聚苯板或聚氨酯做外保温，并处理好外保温部分和砌块砌体交错处的节点处理，防止开裂。这种复合保温方式可以有效解决热桥，使整个围护结构的外墙做到无热桥，从而建造传热均匀的墙体，尽量满足建筑节能设计标准的传热要求。

参考文献

[1] 李松林，张爱玲．新常态下绿色建筑发展理论与实践——第五届中国中西部地区土木建筑学术年会论文集．2015-08-20，中国新疆乌鲁木齐

[2] 田斌守．节能65%目标与自保温混凝土砌块［J］．混凝土与水泥制品，2008（1）

[3] 田斌守等．夹芯砌块在节能建筑上的应用研究［J］．新型建筑材料，2009（9）

[4] 田斌守，杨树新，李玉玺，等．建筑节能检测技术（第二版）［M］．北京：中国建筑工业出版社，2010.

[5] 赵玲玲，黄志甲，钱伟．不同建筑保温方案的数值模拟分析［J］．安徽工业大学学报（自然科学版），2013，30（3）．

第7章 墙体热工性能检测与评价

7.1 保温墙体的热工要求

墙体是建筑物主要的围护结构之一，也是建筑物散热相对面积最大的部分，因此墙体及其保温隔热的热工性能对于建筑物的能耗尤其是空调采暖能耗有着重要的影响。随着我国社会和经济的发展，能源和环境问题已经成为社会问题，并成为社会发展的制约因素。建筑能耗是社会能源消耗中突出的问题之一，和工业能耗、交通能耗一起被列为三大耗能领域，而高质量的墙体保温对于降低建筑能耗有着重要的影响。

从我国墙体保温的发展情况来看，由于我国幅员辽阔，不同地区温度跨度大，气候特点和经济发展水平也不尽相同，所以全国没有统一的模式，只要求保温墙体达到节能标准。按照气候特点可以将我国分为严寒地区、寒冷地区、夏热冬冷地区、夏热冬暖地区和温和地区。不同的气候地区对于保温墙体的热工性能要求也不尽相同，主要是考虑保温性能、隔热性能和抗结露性能。这些性能通过墙体热阻 R 及传热阻 R_0、墙体传热系数 K、热惰性指标 D、导温系数等来评价，抗结露性能主要与墙体热阻、表面温度及露点温度有关，本节主要介绍上述指标的计算方法和检测评价技术。

7.2 保温墙体热阻概念及计算

7.2.1 保温墙体热阻的概念

保温墙体两侧与外界热交换过程中，热量在热流路径上遇到的阻力称为热阻，它反映了保温材料或材料间的传热能力的大小，表明 1W 热量所引起的温升大小，单位为℃/W 或 K/W。保温墙体的热阻是衡量墙体隔热性能的一个主要参数，在相同条件下，墙体的热阻越大，则隔热性能越好。

对于保温墙体，按照阻止热传递方式的不同可以分为对流换热热阻 R_e 或者 R_i（e 为外表面，i 为内表面）和导热热阻 R，在保温墙体与外界的热交换中两种热阻均存在，二者的总和则称为传热总热阻，现行国家标准统一记为传热阻，常用 R_0 表示。

7.2.2 保温墙体热阻的计算

1. 单一材料层的墙体导热热阻

应按下式计算：

$$R=\frac{\delta}{\lambda_c} \tag{7-1}$$

式中　R——材料层的热阻，$m^2\cdot K/W$；

δ——材料层的厚度，m；

λ_c——材料的计算导热系数，W/（m·K）。

2. 多层保温结构的墙体热阻

应按下列计算：

$$R=R_1+R_2+\cdots\cdots+R_n \tag{7-2}$$

式中　R_1、R_2……R_n——各材料层的热阻，$m^2\cdot K/W$。

3. 由两种以上材料组成的、两向非均质围护结构

包括各种形式的空心砌块，以及填充保温材料的墙体等，但不包括多孔黏土空心砖，其平均热阻应按式（7-3）计算：

$$\bar{R}=\left[\frac{F_0}{\sum_{i=1}^{m}\frac{F_i}{R_{0,i}}}-(R_i+R_e)\right]\varphi \tag{7-3}$$

式中　$\bar{R}$——平均热阻，$m^2\cdot K/W$；

F_0——与热流方向垂直的总传热面积，m^2；

F_i——按平行于热流方向划分的各个传热面积，m^2；（参见图7-1）；

$R_{0,i}$——各个传热面上的总热阻，$m^2\cdot K/W$

R_i——内表面换热阻，通常取0.11$m^2\cdot K/W$；

R_e——外表面换热阻，通常取0.04$m^2\cdot K/W$；

φ——修正系数，按表7-1选用。

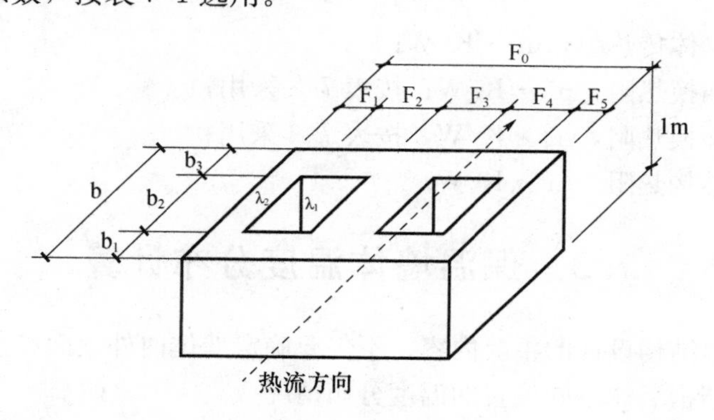

图7-1　计算图示

表7-1　修正系数φ值

λ_2/λ_1或/λ_1	φ
0.09～0.19	0.86
0.20～0.39	0.93
0.40～0.69	0.96
0.70～0.99	0.98

注：(1) 当保温墙体由两种材料组成时，λ_2应取较小值，λ_1应取较大值，然后求得两者的比值。

(2) 当保温墙体由三种材料组成，或有两种厚度不同的空气间层时，φ值可按比值$\left(\frac{\lambda_1+\lambda_2}{2}\right)/\lambda_1$确定。

(3) 当保温墙体中存在圆孔时，应先将圆孔折算成同面积的方孔，然后再按上述规定计算。

4. 内表面换热系数 α_i 及内表面换热阻 R_i 值

内表面换热系数 α_i 及内表面换热阻 R_i 的值应按表 7-2 选取。

表 7-2　内表面换热系数及外表面换热阻值

内表面状况	α_i（$m^2 \cdot K/W$）	R_i（$m^2 \cdot K/W$）
墙体、地面	8.72	0.11
有井形突出物的顶棚、屋盖或楼板 $h/s>0.3$	7.56	0.13

注：表中 h 为肋高，s 为肋间净距。

5. 空气间层热阻值的确定

（1）不带铝箔、单面铝箔、双面铝箔封闭空气间层的热阻值应按附录 E 取用。

（2）通风良好的空气间层热阻，可不予考虑。这种空气间层的间层温度可取进气温度，表面换热系数可取 11.63W/（$m^2 \cdot K$）。

6. 外表面换热系数 α_e 及外表面换热阻 R_e 值

外表面换热系数 α_e 及外表面换热阻 R_e 值应按表 7-3 选取。

表 7-3　外表面换热系数及外表面换热阻值

外表面状况	α_e（$m^2 \cdot K/W$）	R_e（$m^2 \cdot K/W$）
与室外空气直接接触的表面	23.26	0.04
不与室外空气直接接触的表面：阁楼、楼板上表面、不采暖地下室顶棚下表面	8.14 5.82	0.12 0.17

7. 保温墙体传热阻应按下式计算：

$$R_0 = R_i + R + R_e \tag{7-4}$$

式中　R_0——保温墙体传热阻，$m^2 \cdot K/W$；

R_i——内表面换热阻，$m^2 \cdot K/W$；按表 7-2 采用；

R_e——外表面换热阻，$m^2 \cdot K/W$，按表 7-3 采用；

R——围护结构热阻，$m^2 \cdot K/W$。

7.3　保温墙体温度分布计算

墙体温度是保温结构设计的主要内容，不仅要确定墙体内外表面和室内室外温度的相关性，还要知道多层结构墙体不同位置的温度分布情况。

不同的保温做法对于墙体一年四季的温度分布有显著的影响，外保温做法的结构墙体温度变化幅度小，而内保温、自保温、夹芯保温做法的结构墙体温度变化较大，墙体保温形式对墙体温度场的影响体现在给定时刻温度沿墙体厚度方向的分布上，由于保温墙体温度分布受到室外周期性温度和室内温度的双重影响，其内部温度场也处于变化中，对于其内部温度分布的计算可以分为稳态计算和非稳态计算两类，以下就保温墙体内表面温度和层间温度的计算做详细介绍。

7.3.1　保温墙体内表面温度计算

假设保温墙体内表面温度高于外表面，根据热力学第一定律，则热量的传递方向由内表面传向外表面，根据热量守恒的原则，由室内环境传递给墙体内表面的热量等于内表面传递给外表面的热量，温度计算示意图如图 7-2 所示：

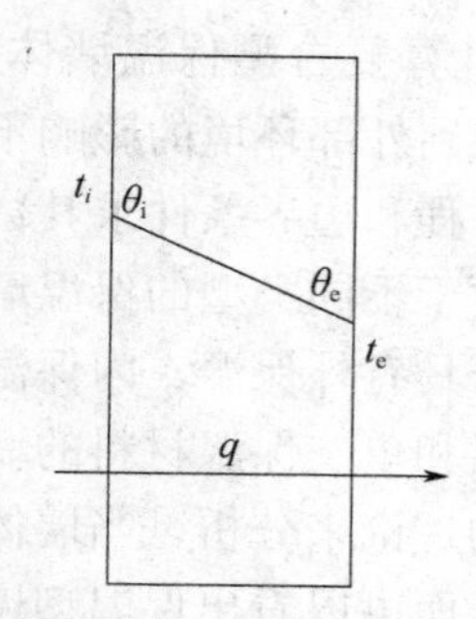

图 7-2　墙体内表面温度计算原理示意图

因此保温墙体内表面温度的计算可以表达成以下形式：

$$\theta_i = t_i - \frac{t_i - t_e}{R_0} R_i \tag{7-5}$$

式中　θ_i——保温墙体内表面温度，℃；

t_i——室内计算温度，℃；

t_e——室外计算温度，℃；

R_0——围护结构传热阻，$m^2 \cdot K/W$；

R_i——内表面换热阻，$m^2 \cdot K/W$。

7.3.2　保温墙体层间温度计算

对于采用内保温、外保温、复合保温等形式的墙体，是多层复合的墙体结构。根据传热学的理论，可以将墙体近似认为由 n 层无限大平板组成，按照一维传热计算其温度分布，墙体内、外表面的边界条件属于第一类边界条件，且认为保温墙体内第 m 层内温度分布均匀、材料各向同性，则墙体内第 m 层内的温度分布的计算公式为：

$$t_m = t_i - \frac{t_i - t_e}{R_0}(R_i + \sum R_{m-1}) \tag{7-6}$$

式中　t_i——保温墙体室内计算温度，℃；

t_e——保温墙体室外计算温度，℃；

R_0——保温墙体传热阻，$m^2 \cdot K/W$；

R_i——保温墙体内表面换热阻，$m^2 \cdot K/W$；

ΣR_{m-1}——第 1～$m-1$ 层热阻之和，$m^2 \cdot K/W$。

复合墙体各层温度分布计算示意图如图 7-3 所示：

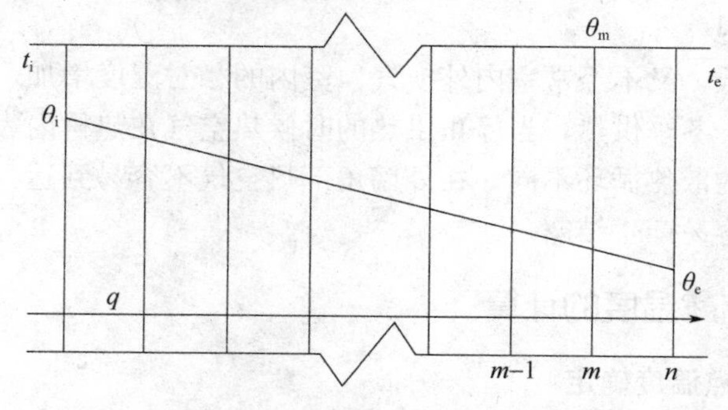

图 7-3　墙体内各层温度分布计算示意图

式（7-5）在稳态状况下，可以计算复合型保温墙体各层间的温度，但在实际工程中大多数为非稳态的情况，室内外温度受到外部环境的影响不断变化，是第三类边界条件。对于非稳态的计算则可以借助导热微分方程和边界条件求其数值解，本文不再赘述。

从已经得到的研究成果来看，对于不同类型的保温墙体在稳态和非稳态情形下，其内部的分布也有很大的差异。例如：对于具有外保温、内保温、中间保温和单一保温材料的墙体在非稳态条件下，内保温、中间保温和单一保温材料的墙体外表面温度基本一致，而复合型外保温的墙体温度最高。从传热学的理论来分析，当墙体外表面的温度越高，则由室内传向外表面的热流量越小。所以从这一方面可以看出保温型墙体，尤其是复合型外保温墙体具有比普通墙体和其他类型保温墙体更优越的保温性能，能起到更好的保温作用。其他条件相同的稳态情况下，各类保温墙体都具有较高的外表面温度和较低的内表面温度，且内保温、中间保温和外保温墙体的内表面温度依次降低，但主要的不同是墙体内部温度分布差异较大。

7.4 保温墙体结露计算

7.4.1 室内墙体结露的原因

（1）墙体结构不合理

热桥过多，热桥部位热阻达不到要求，如外墙窗过梁、纵横墙转角处的柱、阳台的悬挑梁、钢筋混凝土柱、窗子与窗口墙体的接触处、屋面天沟处，以上除窗洞口外其他热桥均是由于外墙部分有四分之三的厚度是由钢筋混凝土组成，钢筋混凝土的导热系数大约是砖墙的2.3倍；而窗洞处由于使用各种材料的窗框，窗框与砖墙接触处沿散热方向不到10 cm，使得热阻大大降低。以上原因，使墙体部位导热量大大增加，内表面温度也较其他部位大大降低，因此会产生结露现象。

（2）施工质量未达到规范要求

砖砌体的组砌不合理，存在通缝现象；外墙钢筋混凝土构件为按照设计要求厚度或者因施工质量而减小外砌砖的厚度达不到保温要求；内外墙的抹灰厚度达不到规范要求，同时分格缝处也可能存在分格条角度不对、抹灰面层与墙面接触不好、未注分格密封胶等；屋面女儿墙处、外墙侧卫生间防水未处理好，造成外墙渗水导致外墙导热能力大大增强，或者外墙单层钢窗未按规范施工，窗框与墙体处未安装保温条或者安装不合格，窗框抹灰时窗框与墙体间缝隙处砂浆严重不饱满。

（3）房屋使用原因

冬季室内温度过低，又不经常室内外换气，室内的相对湿度增加，使外墙热桥部位容易结露；在严寒地区由于冬季供热，当停止供热的时候热空气在热桥内表面温度下降时容易产生结露；由于散热器的散热循环不同，在外墙角部热空气不容易到达，而角部恰恰都是热桥部位，因此墙内各角容易产生结露。

7.4.2 保温墙体结露温度的计算

1. 相对湿度和露点温度确定

在一定的气压和温度条件下，空气中所能容纳的水蒸气量有一个饱和值，超过这个饱和值，水蒸气就开始凝结变为液态水。与饱和含湿量所对应的水蒸气分压力则称为饱和水蒸气分压力。饱和水蒸气分压力值随着空气温度的不同而改变，常压下空气温度与饱和水蒸气分压力可查对应的表得到。

如上所述，空气相对湿度 φ 是空气中实际的水蒸气分压力 P_i 与该温度下的饱和水蒸气分压力 P_E 之比，因此，当空气中含湿量不变，即实际水蒸气分压力 P_i 值不变，而当空气温度降低时，相对湿度将逐渐升高，但相对湿度达到 100％后，如果空气温度继续下降，则空气中的水蒸气将凝结析出。如空气达到饱和状态时所对应的温度，称为“露点温度”，通常以 t_d 表示。

结露分析中首先要确定露点温度，首先确定室内空气的计算温度 t_i，及相对湿度取 φ。再根据确定的温度及湿度查表得到对应空气的饱和水蒸气压 E，则在相应空气湿度 φ 时空气的水蒸气压为：$e=\varphi \cdot E$。根据此时 e 的对应的数值查表，可知室内空气露点温度为 t_d。

2. 保温墙体内表面结露的判断：

依据公式（7-4）式的计算，可以得到保温墙体内表面的温度 θ_i，按《民用建筑热工设计规范》(GB50176）设计计算，当内表面温度 θ_i 低于露点温度 t_d 时，产生结露。

即：
$$\theta_i \geqslant t_d,\ \theta_i = t_i - R_i * (t_i - t_e)/R_o \tag{7-7}$$

式中　θ_i——为保温墙体内表面温度,℃；

t_d——露点温度,℃。

如：$\theta_i \geqslant t_d$，则保温墙体不会结露；如：$\theta_i \geqslant t_d$，则保温墙体会结露。

另外可以根据保温墙体内部某处的水蒸气分压力 P_m 大于该处的饱和水蒸气分压力 P_s 时，该处可能会出现冷凝。如图 7-4 所示。

判别方法：

（1）根据 t_i、t_e 求各界面的温度 t_m，并做分布线；

（2）求与这些界面温度相应的饱和水蒸气分压力 P_s，并做分布线；

（3）求各界面上实际的水蒸气分压力 P_m，按并做分布线。

（4）若 P_m 线与 P_s 线不相交，则内部不会出现冷凝，若两线相交，则内部可能出现冷凝，出现冷凝结露的示意图如图 7-5 所示。

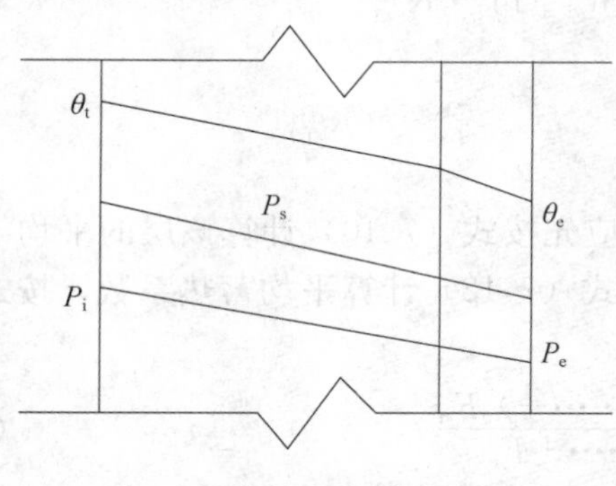

图 7-4　冷凝结露判别示意图

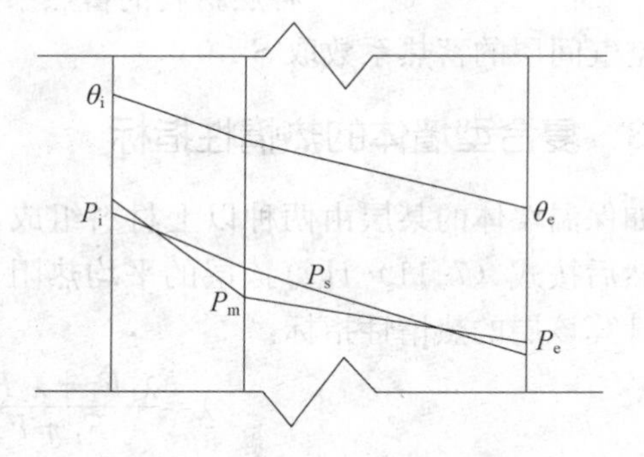

图 7-5　结露出现的示意图

3. 防止墙体结露的措施

防止保温墙体结露而破坏保温结构，是建筑热工设计的基本要求，防止和控制的具体措施如下：

（1）设计时保证墙体的保温能力，使其传热热阻至少应在规定的最小传热热阻以上，并注意防止冷、热桥处发生结露。

(2) 如果墙体内表面湿度过大，可以采用通风的方法降低湿度。

(3) 墙体保温材料的选择时最好选用具有一定吸湿性的材料，使由于温度波动而只在一天中温度低的一段时间内产生少量凝结水可以被结构内表面吸收，在室内温度高而相对湿度低时又返回室内空气，即具有“呼吸”作用。

(4) 对室内湿度大，内表面可避免有冷凝水的房间。如公共浴室，可采用光滑不易吸水的材料作为表面，同时加设导水设施，将凝结水导出。

对于复合结构的轻质墙体及用轻质材料的内保温墙体，计算出的最小传热热阻还应按《民用建筑热工设计规范》(GB50176—2015) 的规定进行验算，对轻质外墙最小传热热阻还有附加值，而对于保温墙体而言，几乎能满足热阻附加值的要求，但必须验算，以防万一。

7.5 保温墙体热惰性指标计算

7.5.1 单一材料或单一材料层的热惰性指标

单一材料层墙体或单一材料层的热惰性指标 D 应按式 (7-7) 计算：

$$D=R\cdot S \tag{7-8}$$

式中 R——材料层的热阻，$m^2\cdot K/W$；

S——材料的蓄热系数，$W/(m^2\cdot K)$。

7.5.2 多层材料墙体热惰性指标

多层材料围护结构的热惰性指标 D 值应按式 (7-8) 计算：

$$D=D_1+D_2+\cdots\cdots+D_n=R_1S_1+R_2S_2+\cdots\cdots+R_nS_n \tag{7-9}$$

式中 D_1、$D_2\cdots\cdots D_n$——各层材料的热惰性指标；

R_1、$R_2\cdots\cdots R_n$——各层材料的热阻，$m^2\cdot K/W$；

S_1、$S_2\cdots\cdots S_n$——各层材料的蓄热系数，$W/(m^2\cdot K)$。

空气间层的蓄热系数取 $S=0$。

7.5.3 复合型墙体的热惰性指标

如保温墙体的某层由两种以上材料组成，则应先按式 (7-10) 计算该层的平均导热系数，然后按式 (7-11) 计算该层的平均热阻，按式 (7-12) 计算平均蓄热系数，按式 (7-13) 计算该层的热惰性指标：

$$\bar{\lambda}=\frac{\lambda_1F_1+\lambda_2F_2+\cdots\cdots+\lambda_nF_n}{F_1+F_2+\cdots\cdots+F_n} \tag{7-10}$$

$$\bar{R}=\frac{d}{\bar{\lambda}} \tag{7-11}$$

$$\bar{S}=\frac{S_1F_1+S_2F_2+\cdots\cdots+S_nF_n}{F_1+F_2+\cdots\cdots+F_n} \tag{7-12}$$

$$D=\bar{R}\bar{S} \tag{7-13}$$

式中 F_1、$F_2\cdots\cdots F_n$——在该层中按平行于热流划分的各个传热面积，m^2；

λ_1、λ_2……λ_n——各个传热面积上材料的导热系数，W/（m·K）；

S_1、S_2……S_n——各个传热面积上材料的蓄热系数，W/（m^2·K）。

7.6　热桥内表面温度验算及缺陷检查

7.6.1　热桥内表面温度验算

热桥部位指的是嵌入墙体的混凝土或金属梁、柱，墙体和屋面板中的混凝土肋或金属件，装配式建筑中的板材接缝以及墙角、屋顶檐口、墙体勒脚、楼板与外墙、内隔墙与外墙连接处等部位。这些部位保温薄弱，热流密集，内表面温度较低，可能产生不同程度的冷凝结露和长霉现象，影响墙体的使用和美观，在进行墙体保温设计的时候应对这些部位的内表面温度进行验算，以便确定其是否低于室内空气露点温度。

常见五种形式的热桥如图 7-6 所示，其内表面温度应按下列规格验算：

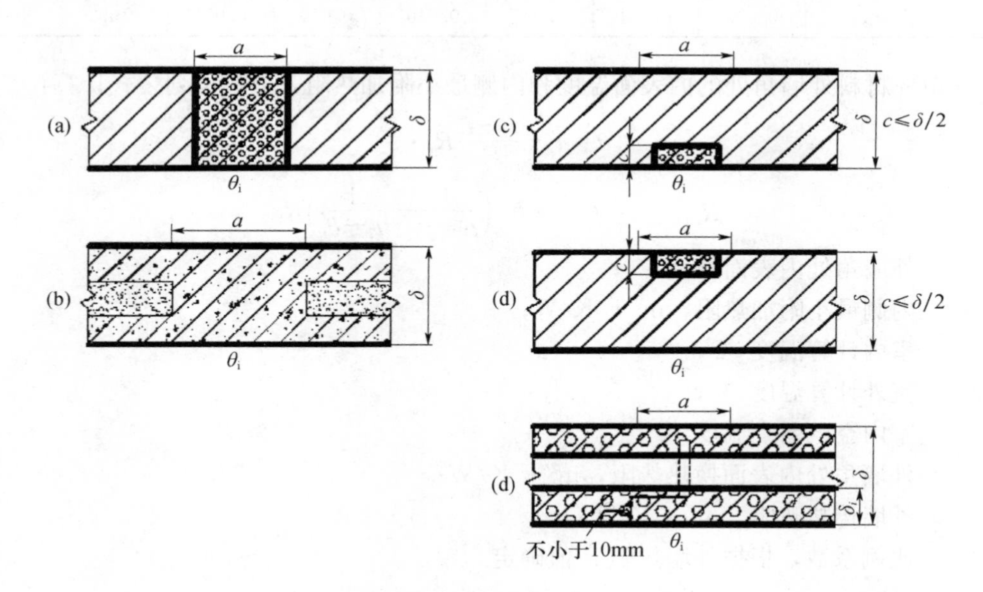

图 7-6　常见的五种热桥形式

（1）当肋宽与结构厚度比 a/δ 小于或等于 1.5 时，

$$\theta_i' = t_i - \frac{R_0' + \xi\ (R_0 - R_0')}{R_0' \cdot R_0} R_i\ (t_i - t_e) \tag{7-14}$$

式中　θ_i——热桥部位内表面温度，℃；

t_i——室内计算温度，℃；

t_e——室外计算温度，℃；

R_0——非热桥部位的传热阻，m^2·k/W；

R_0'——热桥部位的传热阻，m^2·k/W；

R_i——内表面换热阻，m^2·k/W；

ξ——修正系数，应根据 a/δ 的值，按照表 7-4 选取。

（2）当肋宽与结构厚度比 a/δ 大于 1.5 时

$$\theta_i' = t_i - \frac{t_i - t_e}{R_0'} R_i \tag{7-15}$$

表 7-4　修正系数 ξ 取值

热桥形式	肋宽与结构厚度比 a/δ								
	0.02	0.06	0.10	0.20	0.40	0.60	0.80	1.00	1.50
(1)	0.12	0.24	0.38	0.55	0.74	0.83	0.87	0.90	0.95
(2)	0.07	0.15	0.26	0.42	0.62	0.73	0.81	0.85	0.94
(3)	0.25	0.50	0.96	1.26	1.27	1.21	1.16	1.10	1.00
(4)	0.04	0.10	0.17	0.32	0.50	0.62	0.71	0.77	0.89
热桥形式	δ_i/δ	肋宽与结构厚度比 a/δ							
		0.04	0.06	0.08	0.10	0.12	0.14	0.16	0.18
(5)	0.50	0.011	0.025	0.044	0.071	0.102	0.136	0.170	0.205
	0.25	0.006	0.014	0.025	0.040	0.054	0.074	0.092	0.112

（3）单一材料外墙角处的内表面温度和内侧最小附加热阻，应按下列公式计算：

$$\theta_i' = t_i - \frac{t_i - t_e}{R_0} R_i \cdot \xi \tag{7-16}$$

$$R_{ad\cdot min} = (t_i - t_e)\left(\frac{1}{t_i - t_d} - \frac{1}{t_i - \theta_i'}\right) R_i \tag{7-17}$$

式中　——外墙角处内表面温度，℃；

$R_{ad\ min}$——内侧最小附加热阻，$m^2 \cdot K/W$；

t_i——室内计算温度，℃；

t_e——室外计算温度，℃；

t_d——室内空气露点温度，℃

R_i——外墙角处内表面换热热阻，$m^2 \cdot K/W$；

R_o——外墙传热热阻，$m^2 \cdot K/W$；

ξ——比例系数，根据外墙热阻 R 值确定。

表 7-5　比例系数 ξ 的取值

外墙热阻 R（$m^2 \cdot K/W$）	比例系数 ξ
0.10～0.40	1.42
0.41～0.49	1.72
0.50～1.5	1.73

7.6.2　热桥部位内表面温度检测

（1）检测方法

热桥部位内表面温度直接采用热电偶等温度传感器粘贴与受检表面进行检测。

（2）检测仪器

检测热桥部位内表面温度用的仪器主要是温度传感器和温度记录仪。温度传感器一般用康铜热电偶。用于温度测量时，不确定度应小于 0.5℃；用一对温度传感器直接测量温度时，不确定度应小于 2%；用两个温度值相减求取温度时，不确定度应小于 0.2℃。温度记录仪应采用巡检仪，数据存储方式应适用于计算机分析。测量仪表的附加误差应小于 4μV 或 0.1℃。

（3）检测对象的确定

①检测数量应以一个检验批中住户套数或间数为单位进行随机抽取确定。

②对于住宅，一个检验批中的检测数量不宜超过总套数的 1%，对于住宅以外的其他居住建筑，不宜超过总间数的 0.2%，但不得少于 3 套（间）。当检验批中住户套数或间数不足 3 套（间）时，应全额检测，顶层不得少于 1 套（间）。

③检测部位应在受检住户或房间内综合选取，每一受检住户或房间的检测部位不得少于 1 处。

④检测热桥部位内表面温度时，内表面温度测点应选在热桥部位温度最低处，具体位置可采用红外热像仪协助确定。

⑤热桥部位内表面检测应在采暖系统正常运行工况下进行，检测时间宜选在最冷月，并应避开气温剧烈变化的天气。检测持续时间不应少于 72 小时，数据应每小时记录一次。

（4）检测步骤

内表面温度传感器连同 0.1m 长引线应与受检面紧密接触，传感器表面的辐射系数应与受检面基本相同。

（5）结果判定

在室内外计算温度条件下，维护结构热桥部位的内表面温度不应低于室内空气相对湿度按 60%计算时的室内空气露点温度。

当所有受检部位的检测结果均分别满足上述规定时，则判定该申请检验批合格，否则判定为不合格。

7.6.3　热工缺陷的检测

（1）检测方法

建筑保温墙体质量缺陷检测方法主要是运用红外热像仪的检测方法分为以下两种：①无源红外检测法，又称被动红外检测法。其特征是利用被测目标本身热辐射的一种测量方法，无任何外加热源。②有源红外检测法，又称主动红外检测法。其特征是利用外部热源向被测目标注入热量，再借助检测设备测得工件表面各处热辐射分布来判断缺陷的方法。

无源红外检测法主要用于电力、汽车、冶金等领域。由于设备、电路等在运行过程中会产生热量，用红外热像仪很容易就能获得其表面温度场，并实施检测或者监控。建筑围护结构质量检测中，由于建筑本身在使用过程中不会产生热量，所以不能采用无源红外检测法。

在采用有源红外检测法进行检测时，太阳辐射通常是外部热源的首选，其次也可通过室内采暖、空调设备制造温差，在不具备以上条件时，甚至可以采用大功率加热设备对被测目标加热，或者对被测目标泼水，利用水分蒸发速度差异获得温差，从而能够对其缺陷进行检测。红外热像仪的检测结果与目标的特性（温度、辐射率）及热像仪性能有关，还与测量对象所处的气候条件、被测物体的辐射系数、背景噪声等因素有关。要消除气候因素及环境因素对墙体或其他围护结构外表面红外检测的影响，往往给检测带来很多限制，影响检测的效率。如果不采用保温墙体外表面的温度作为判定热工缺陷的依据，而采用温差来作为热工缺陷判定的依据，则可以消除气候因素及环境因素的影响。所以在检测中关注被测对象的温度差异比关注物体本身的绝对温度更有现实意义。另外，温差在红外热像图上很容易观察到，所以可将温差作为质量缺陷判断的重要依据。红外检测在实际中的应用如图 7-7 所示。

图 7-7　红外检测的实际应用

（2）检测步骤

①用红外热像仪对保温墙体进行检测之前，应首先对保温墙体进行普测，然后对可疑部位进行详细检测。

②检测前应采用表面式温度计在所检测的墙体外表面上测出参照温度，调整红外热像仪的发射率，使红外热像仪的测定结果等于该参照温度，且应该在与目标相等的不同方位扫描同一个部位，检测临近场所是否对受检的外表面构成影响，必要时可采取遮挡措施或者关闭室内辐射源。

③对实测热像图进行分析并判断是否存在质量缺陷以及缺陷的类型和严重程度，可通过与参考热像图的对比进行判断，必要时可采用内窥镜、取样等方法进行认定。同一部位的红外热谱图应不少于 4 张，热谱图上应标明参照温度的位置，并随热谱图一起提供参照温度的依据。

（3）缺陷判定方法

外表面的热工缺陷等级采用相对面积 φ 评价，受检内表面的热工缺陷等级采用能耗增加比 β 评价，φ 和 β 可根据（7-18）～（7-22）来计算。

$$\varphi=\frac{\sum_{i=1}^{n}A_{2,i}}{A_1} \tag{7-18}$$

$$\beta=\varphi\left|\frac{T_1-T_2}{T_1-T_0}\right|100\% \tag{7-19}$$

$$\Delta T=|T_1-T_2| \tag{7-20}$$

$$A_{2,i}=\frac{\sum_{j=1}^{m}A_{2,i,j}}{m} \tag{7-21}$$

$$T_1=\frac{\sum_{i=1}^{n}\sum_{j=1}^{m}T_{1,i,j}}{mn} \tag{7-22}$$

式中　φ——缺陷区域面积与受检 表面面积之比，%；

β——受检内表面由于热工缺陷带来的能耗增加比，%；

ΔT——受检表面平均温度与缺陷区域表面平均温度之差，K；

T_0——环境参照温度，℃；

T_1——受检表面平均温度，℃；

T_2——缺陷区域平均温度，℃；

A_1——受检表面面积，指受检外墙墙面面积，不包括门窗，m^2；

A_2——缺陷区域面积，指与 T_1 的温差大于等于1℃的点所组成的面积，m^2；

i——热谱图的幅数，$i=1\sim n$；

j——每幅热谱图的张数，$j=1\sim m$；

热谱图中的异常部位，宜通过将实测热谱图与被测部分的预期温度分布进行比较确定。实测热谱图中出现的异常，如果不是墙体表面设计或热（冷）源、测试方法等原因造成，则可认为是缺陷，必要时可采用其他方法进行确认。图7-8所示是实际检测中的红外图谱，可根据多个检测点的红外图谱来判别是否存在热工缺陷。

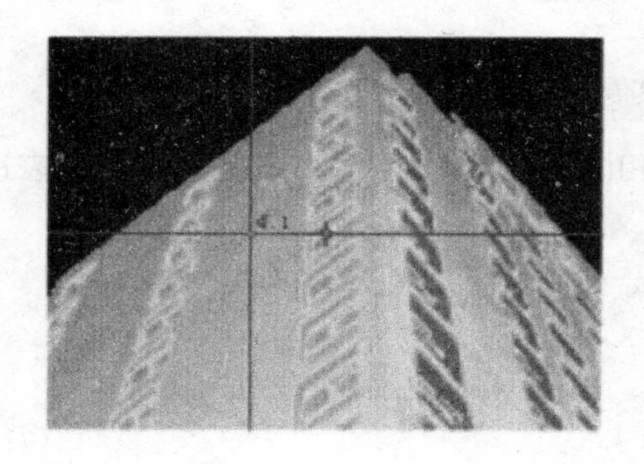

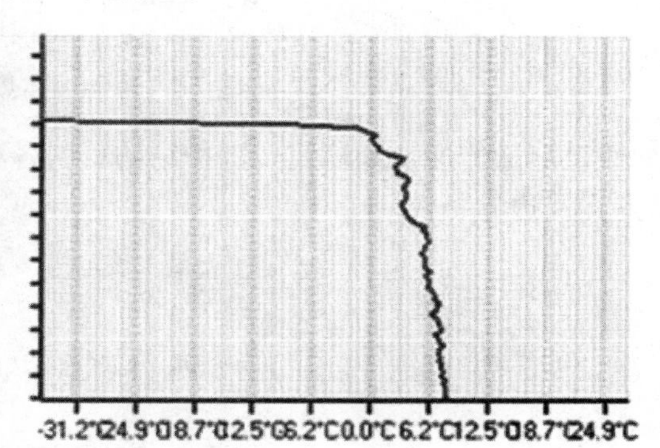

图7-8　红外检测图谱

7.7　墙体传热系数现场检测

墙体传热系数指总传热系数，现行国家标准规范统一定为传热系数。保温墙体传热系数，是指在稳定传热条件下，保温墙体两侧空气温度差为1K（℃）时，单位时间内通过单位面积的墙体所传递的热量，单位为W/（m^2·K）。对于保温墙体其传热系数越大，则建筑围护结构的节能水平越低，能耗损失越大。反之，则建筑围护结构的节能水平越高，能耗损失越小。

传热系数的检测按检测场所不同又分为现场检测和实验室检测。实验室内的检测通常采用防护热箱法和标定热箱法，按《绝热稳态传热性质的测定标定和防护热箱法》（GB/T13475—2008）标准执行。现场检测墙体热传系数通常按照国际标准ISO9869《建筑构件热阻和传热系数的现场测量》、美国标准《建筑围护结构构件热流和温度的现场测量》（ASTM C1046）、《由现场数据确定建筑围护结构构件热阻》（ASTM C1155）和我国标准

《居住建筑节能检测标准》（JGJ/T132—2009）、《围护结构传热系数现场检测技术规范》（JGJ/T357—2015）的规定来执行。

本节主要对墙体传热系数的现场检测进行阐述。

7.7.1 保温墙体传热过程分析

典型的保温墙体传热过程可以描述为：对流换热（辐射换热）导热一对流换热（辐射换热）。如以某房间墙体为例，假设房间室内温度高于室外，则热量传递的过程为：室内高温空气通过对流换热将热量传递给保温墙体内表面，当保温墙体内表面温度高于外表面时，通过导热的方式将热量由内向外传递，保温墙体外表面通过对流换热的方式与外界空气进行热量交换。

热量传递过程如图 7-9 所示：

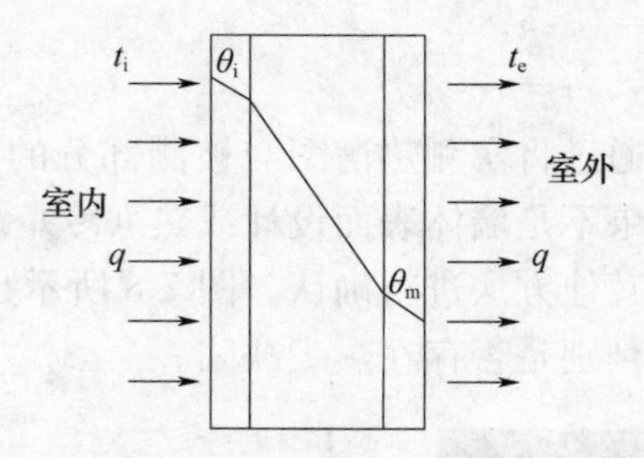

图 7-9 保温墙体热传递示意图

如假设热量传递达到稳定，围护结构材料各相同性且无内热源，则该过程的数学表达为(控制方程及边界条件)：

$$\begin{cases} \dfrac{\partial t}{\partial x}+\dfrac{\partial t}{\partial y}=0 \\ x=0,\ h_1\ (t_{fi}-t_i)\ =-\lambda\dfrac{\partial t}{\partial x} \\ x=\delta,\ h_2\ (t_o-t_{fo})\ =-\lambda\dfrac{\partial t}{\partial x} \\ y=0,\ y=L,\ \dfrac{\partial t}{\partial y}=0 \end{cases} \tag{7-23}$$

式中 h_1，h_2——分别为内、外侧对流换热系数，W/（m^2·K）；

λ——为围护结构的导热系数，W/（m·K）；

t_{fi}、t_{fo}——分别为内、外侧空气温度，K；

δ——为保温墙体厚度，L 为保温墙体长度，m；

h_1，h_2——内外侧对流传热系数，W/（m^2·K）；

t_i，t_o——保温墙体内外侧表面温度，K。

7.7.2 墙体传热系数测试原理

依据传热学的原理，热量会自发从温度高的区域传向温度低的区域，这样当保温墙体内外侧温度有差值时，热量就会通过围护结构由高温侧传向低温侧。这样我们依据傅里叶导热定理：$q=\lambda\dfrac{\partial t}{\partial n}$，在认为保温墙体的材料各向同性时热量传递是均匀的，可以得出 $q=\lambda\dfrac{\Delta t}{\delta}$，

式中 δ 为热量传递中围护结构的厚度，而 Δt 为温度差。由此，检测测量中我们只要测得通过保温墙体的热流密度、内外侧的温度值及保温墙体各层的厚度，即可知道保温墙体的导热热阻。又根据热平衡原理，由高温侧空气传递给保温墙体的热量等于由保温墙体传递给低温侧的热量，只要测得保温墙体内、外侧空气温度值，则可以计算出保温墙体与内、外侧空气之间的对流换热系数 h_i 和 h_o，这样就可以得到综合的传热系数 K。依据《建筑节能现场检测标准》（JGJ/T 132—2009）内、外表面的换热热阻即为其换热系数的倒数，根据不同的情况可取为定值。所以围护结构综合的传热系数 K 的确定主要在于保温墙体导热热阻 R_c 的测量，然后依据传热系数与热阻互为倒数的关系可以得到：

$$K=\frac{1}{R_{\mathrm{i}}+R_{\mathrm{c}}+R_{\mathrm{o}}} \tag{7-24}$$

内表面的换热热阻可取为：R_i 为内表面换热热阻（$\mathrm{m}^2\cdot\mathrm{K/W}$），按照《民用建筑热工设计规范》（GB 50176—2016）规定取值；

外表面的换热热阻可取为：R_o 为内表面换热热阻（$\mathrm{m}^2\cdot\mathrm{K/W}$），按照《民用建筑热工设计规范》（GB50176—2016）规定取值。

7.7.3 墙体传热系数现场检测的基本方法

依据传热系数测定的基本原理，目前对于建筑物保温墙体传热系数现场检测的方法有：热流计法、热箱法、控温箱-热流计法、常功率平面热源法。

（1）热流计法

热流计法是目前应用最广泛的方法，其最基本的思路是测得保温墙体两侧的温度值及热流密度，测量中认为传热过程处于稳定的一维传热，热流密度方向平行于温度梯度。操作中先测得的温度 T_1 和 T_2 以及热电势 E，根据电势与温度对应的原则可以得到热流密度 q，则导热热阻 $R_c=(T_1-T_2)/q$，由建筑物所处的实际环境查得对流换热热阻 R_i 和 R_o，则可得出综合传热系数 K。从大量的实际使用经验来看，该方法操作简便，有很好的可重复性，数据采集也可以实现自动化，但需要所测保温墙体具有一定的温差，所以要求在采暖季进行，且对气温变化比较敏感，要求避开气温剧烈变化的天气，这样对于非采暖季和非采暖地区的使用受到了极大限制。热流计法检测示意图如图 7-10 所示。

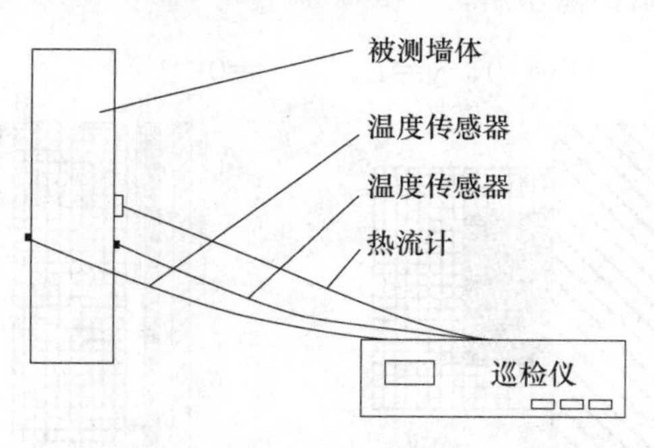

图 7-10　热流计法现场检测原理示意图

（2）热箱法

热箱法是通过人为制造出的环境来模拟采暖条件下的一维传热，内侧用热箱模拟采暖条件，外侧为自然条件。实际测量中需要保证内、外侧温差达到 8℃以上，通过测量热箱的发热量和热箱口面积来得出通过保温墙体的热流密度 $q=Q/A$，其余计算则与热流计法相同。

热箱法不受季节等的限制，检测中通过加热使得内外温差达到要求以上即可。但是该方法在实际检测中需要准备热箱并加热，设备耗能高且工作量大，且在现场检测中如何消除误差是影响该方法使用的一个重要因素，因为要达到一维传热的要求，需要满足加热面是保温墙体厚度的 8～10 倍的条件要求，如此就对热箱的尺寸提出了要求。热箱仪应符合如下规定：

a. 开口面积不应小于 1.2m^2，单边不应小于 1m，进深不应小于 200mm；

b. 外壁热阻应大于 1.0m^2 · K/W；

c. 加热功率不应小于 120W，控制箱功率计量误差不应大于量程的 0.5%；

d. 温度控制精度不应大于±0.3K；

e. 热箱仪应定期进行热箱系数的标定，标定周期应为 1 年。标定方法参照《围护结构传热系数现场检测技术规定》（JGJ/T 357—2015）中的规定。

（3）控温箱-热流计法

控温箱-热流计法是先通过控温箱人为制造一个适合检测的温度环境，然后利用热流计测得温度及热流密度值来计算传热系数。该方法结合了热箱法和热流计法的优点，克服了热流计法受季节和地域等限制不足，而且与热箱法相比，热箱只是作为一个温控装置提供合适的温度而已，不存在标定热箱的热损失和加热功率的计算等问题，在实际检测中操作比较方便，但是温控箱对温度的控制来自于热箱的加热，加热过程中辐射换热占到了不小的比例，辐射换热作为一种瞬态的传热方式，其对于一维传热模型带来的误差的计算还未得到圆满解决，需要严格的理论推算以及实际应用的进一步检验。

（4）常功率平面热源法

常功率平面热源法是一种非稳态的传热检测方法，其对材料的适应范围广且实际应用中需要做大量的技术工作，测量结果的稳定性和重复性都需要大量、可靠的数据来支撑。其现场检测方法是在墙体内表面人为地加上一个合适的平面恒定热源，对墙体进行一定时间的加热，通过测定墙体内外表面的温度响应，辨识出墙体的传热系数，原理如图 7-11 所示。绝热盖板和墙体之间的加热部分，分别是加热板 C_1、C_2 和金属板 E_1、E_2 对称地各分布两块，控制绝热层两侧温度相对，以保证加热板 C_1 的热量都流向墙体，E_1 板起到对墙体表面均匀加热的作用。墙体内表面测温热电偶 A 和墙体外表面测温热电偶 D 记录逐时温度值。该系统的求解采用热工神经网络仿真求解。

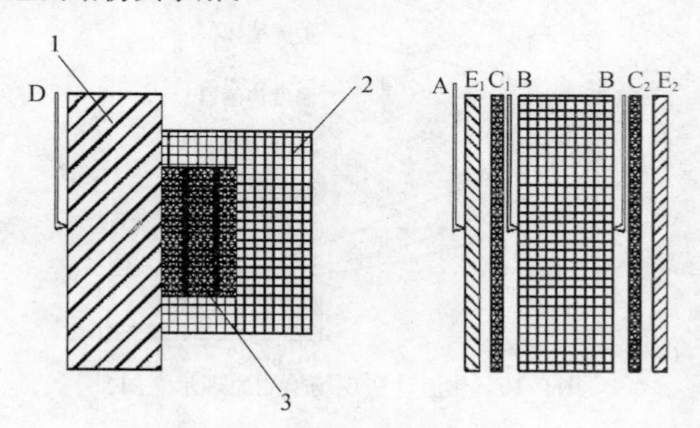

图 7-11 常功率平面热源法现场检测墙体传热系数示意图

1—被测墙体；2—绝热盖板；3—绝热层；A—墙体内表面测温热电偶；B—绝热层两侧测温热电偶；C_1，C_2—加热板；D—墙体外表面测温热电偶；E_1，E_2—金属板

常功率平面热源法的特点是，可以大大缩短实际检测时间，而且能减小室外空气温度变化给传热工程带来的影响。在实验室用非稳态法检测材料的热性能较广泛，但是在现场进行保温墙体的传热系数检测还需要做大量的工作，包括设备开发、系统编程、神经网络训练和效果评定等，主要技术性能也较高，并且测试结果的稳定性、准确性、重复性都有大量可靠的数据来支撑。

传热系数的现场检测应避开温度剧烈波动的天气，宜在冬季进行，如确需在其他季节进行，应根据现场条件采取室内加热、室内制冷、加环境箱的方法，以满足检测温度要求。热流计法所用环境箱的开口面积不应小于 1.44m²，热箱法用环境箱的开口面积不应小于 2.88m²，环境箱应满足如下规定：

a. 环境箱的进深不应小于 220mm；

b. 环境箱外壁热阻应大于 1.0m²・K/W；

c. 加热功率不应小于 120W，制冷功率不应小于 500W；

d. 环境箱内加热器应采取措施避免构件产生辐射传热影响；

e. 环境箱内温度波动范围应为±0.1K。

7.7.4　墙体传热系数现场检测的步骤

（1）首先察看具体的建筑物，选择检测位置。选择房间时既要符合随机抽样检测的原则，包括不同朝向的外墙、楼梯间等有代表性的测点，又要充分考虑室外粘贴传感器的安全性。其次，应对照图纸进一步确认测点位置，不能处在梁、板、柱、裂缝、空气渗透等的位置。

（2）粘贴传感器。用黄油将热流计平整地粘贴在墙面上并用胶带加固，热流计四周用双面胶带或黄油粘贴热电偶，并在墙的对应面用同样的方法粘贴热电偶。

（3）将各路热流计和热电偶编号，按顺序号连接巡检仪。将编好顺序的热流计和热电偶接入巡检仪，并检查数据输出正确。

（4）开机检测。依次开启温控仪（如有）、巡检仪，记录各控制参数。根据要求设定参数数据记录的周期，并在达到规定的检测时间后停止检测，关闭所有仪器，取下热电偶和热流计，导出数据。

7.7.5　数据处理及结果判定

（1）数据处理

保温墙体传热系数现场检测完成后需要对数据进行处理，并得出最终的传热系数值。经过以上步骤，如果可以在数据记录仪中保存至少 72 小时的温度、热流密度测量值，则可以根据记录数据计算出稳态状况下每组数据和整个测试期内保温墙体内外表面的平均温度、热流密度平均值和传热系数平均值，并可绘制保温墙体传热系数-时间曲线和热流密度-时间曲线。数据的处理可以采用算术平均法，并符合下列规定：

$$R = \frac{\sum_{j=1}^{n}(\theta_{Ij} - \theta_{Ej})}{\sum_{j=1}^{n} q_j} \tag{7-25}$$

式中　R——围护结构的热阻，m²・K/W；

θ_{Ij}——围护结构内表面温度的第 j 次测量值；

θ_{Ej}——围护结构外表面温度的第 j 次测量值；

q_j——热流密度的第 j 次测量值；

对于单位面积比热容小于 20kJ/（m^2·K）的墙体，宜使用夜间采集的数据（日落后 1h 至日出）计算围护结构的热阻。当经过四个夜间连续测量之后，相邻两组测量的计算结果相差不大于 5%时，方可结束测量；

对于单位面积比热容大于等于 20kJ/（m^2·K）的墙体，应使用全天数据（24h 的整数倍）计算围护结构的热阻，且只有在下列条件得到满足时方可结束测量。

a. 末次 R 计算值与 24h 之前的 R 计算值相差不大于 5%。

b. 检测期间内第一个 INT（2×DT/3）天内与最后一个同样长的天数内的 R 计算值相差不大于 5%。（注：DT 为检测持续天数，INT 表示取整数部分）

保温墙体的传热系数计算：

$$K=1/(R_i+R+R_e)$$

式中 K——围护结构的传热系数，W/（m^2·K）；

R_i、R_e——内外表面换热阻，应按国家标准《民用建筑热工设计规范》取值。

（2）结果判定

保温墙体传热系数的判定应遵循以下原则：

①有设计指标时，检测得到的保温墙体的平均传热系数应满足设计要求；

②如无设计指标时，检测得到的平均传热系数不应该大于当地建筑节能设计标准中规定的限值要求；

③不同用途类型的保温墙体其平均传热系数应满足对应的设计或者规范要求。

④对于检测结果不能满足相应要求的，则应对不合格的部位进行重新检测，但受检面应维持不变。对于同一批的检测面，不合格检测面应该不超过 15%。

7.7.6 检测中注意事项

（1）试验结束后应关闭电源，注意清洁和防锈的维护。

（2）环境及设备应保持总体清洁，保持环境温度和相对湿度。

（3）整机长时间停用时，应断开总电源插头，并注意防锈、防尘。

（4）定期对仪器设备进行维护、检定。

（5）如果计算机由于病毒侵染或人为删除某些文件，造成系统无法运行，请选恢复系统，或重新安装软件。

参考文献

[1] 田斌守，杨树新，王花枝，等．建筑节能检测技术（第二版）[M]．北京：中国建筑工业出版社．2010.
[2] 杨世铭，陶文铨．传热学（第三版）[M]．北京：高等教育出版社．1998.
[3] 黄振利，涂逢祥，梁俊强等．外保温技术理论与应用 [M]．北京：中国建筑工业出版社．2011.
[4] 杨艳超，苏亚欣．复合墙体传热温度分布的数值模拟．能源与环境，2005（4）：21-24.
[5] 方修睦，王中华，贾永宏，等．墙体表面温度分布规律研究 [J]．建筑科学，2015（12）：34-40.
[6] 王艳，贺光．寒冷地区房屋结露现象处理方法的探讨 [J]．中国勘察设计，2006（8）：100-101.
[7]《严寒和寒冷地区建筑节能设计标准》(JGJ26—2010)．
[8]《居住建筑节能检测标准》(JGJ/T 132—2009)．
[9] 胡达明．红外热像法在建筑节能工程质量缺陷检测中的应用 [J]．节能与环保，2009（9）：29-31.

第 8 章　典型墙体保温系统案例介绍

近几年，各种外墙保温形式都有应用，并且也建成了一些实际工程，下面介绍一些案例，供大家参考。

8.1　聚氨酯（PU）外墙外保温工程应用案例

8.1.1　工程概况

硬泡聚氨酯保温材料的保温效果远好于其他保温材料，达到相同保温效果所需材料厚度较小，系统的质量较轻，且不需要挂件固定，特别适用于填充墙的保温，在建筑节能领域得到了广泛应用。下面介绍硬泡聚氨酯保温材料在天泰时代·印象小区 1 号楼项目中的应用案例。

天泰时代·印象小区 1 号楼项目位于山东省青岛市，气候特征为温带季风气候，属于建筑气候区划的寒冷地区，冬季最冷月平均气温为-5℃，夏季最热月平均气温为 26℃。1 号楼项目为地下一层，地上十八层的钢筋混凝土剪力墙小高层，填充墙均为 180mm 厚轻质加气混凝土砌块墙，外墙采用 TH 硬泡聚氨酯喷涂外保温。

8.1.2　材料及系统性能

本项目外保温系统采用的主要材料有：TH 建筑用界面处理剂、现喷硬泡聚氨酯、界面砂浆、TH 聚合物砂浆、TH 涂料耐碱玻纤网格布、抗裂砂浆、水泥、石英砂，其主要技术指标分别如表 8-1～表 8-6 所示。

TH 建筑用界面处理剂主要技术指标应符合《建筑用界面处理剂应用技术规程》（DBJ/T01-40-98）规定要求。

表 8-1　TH 建筑用界面处理剂主要技术指标

项目		单位	指标
外观		—	乳白色均匀液体
压剪胶结强度	原强度	MPa	≥0.70
	耐水	MPa	≥0.50
	耐冻溶	MPa	≥0.50

储运要求：5～30℃条件下贮运，贮藏期 6 个月，防晒。按非危险品办理运输。

表 8-2 现喷硬泡聚氨酯技术性能指标

项目	单位	指标
密度	kg/m^3	≥40
导热系数	W/（m·K）	≤0.022
抗拉强度	MPa	≥0.1
压剪粘结强度	MPa	≥0.1
压缩强度	MPa	≥0.12
尺寸稳定性	%	≤2.0
燃烧性能级别	—	2级

表 8-3 界面砂浆技术性能指标

项目	单位	实验条件	指标
抗拉粘结强度（与聚氨酯泡沫）	MPa	常态	≥0.1
	MPa	浸水后	≥0.08
抗拉粘结强度（与聚合物水泥砂浆）	MPa	常态	≥0.8
	MPa	浸水后	≥0.6
压剪拉粘结强度	MPa	常态	≥0.8
	MPa	浸水后	≥0.6

表 8-4 TH 聚合物砂浆抗裂性剂性能指标

项目	单位	指标
砂浆稠度	mm	80-130
可操作时间	h	2
拉伸粘结强度，28d	MPa	>0.8
浸水拉伸粘结强度，7d	MPa	>0.6
渗透压力比	%	≥200
抗弯曲性	—	5%弯曲变形无裂缝

存运条件：5～30℃下贮存，贮存期6个月，防晒。可按非危险品办理运输。

表 8-5 TH 涂料耐碱玻纤网格布主要性能指标

项目			单位	指标
网眼密度	普通型	经向	孔数/100mm	25
		纬向	孔数/100mm	25
	加强型	经向	孔数/100mm	16.7
		纬向	孔数/100mm	16.7
单位面积质量		普通型	G/m^2	≥180
		加强型	G/m^2	≥500

续表

项目			单位	指标
断裂强力	普通型	经向	N/50mm	≥1250
		纬向	N/50mm	≥1250
	加强型	经向	N/50mm	≥3000
		纬向	N/50mm	≥3000
耐碱强度保持率，28d		经向	%	≥90
		纬向	%	≥90
涂塑量		普通型	G/m²	≥20
		加强型	G/m²	≥20

存运条件：贮存应立码，不宜平堆，通风干燥条件贮运 12 个月，100m/卷，可按非危险品办理运输。运输中防滑、防折、防损坏。

表 8-6　TH 涂料耐碱玻纤网格布主要性能指标

项目	单位	实验条件	指标
拉伸粘结强度	MPa	常态	≥0.8
	MPa	浸水后	≥0.6
柔韧性	—	抗压/抗折强度	≤3
可操作时间	h	0.5	

胶凝材料用强度等级 32.5 普通硅酸盐水泥，水泥性能存运符合《通用硅酸盐水泥》(GB175—2007) 的要求。

石英砂应符合相应规范细度模数的规定，含泥量少于 3%，粒径 3～2mm。

8.1.3　材料配置

(1) TH 建筑用界面处理砂浆的配制

TH 建筑用界面处理剂：中砂：水泥按照 1：1 质量比用砂浆搅拌机或手提搅拌器拌均匀。

(2) TH 聚合物砂浆的配置

先开机，将 32.5 级水泥 300kg 倒入砂浆搅拌机内，然后到入石英砂 450kg 斤搅拌后3～5min 后，再倒入搅拌 3min，搅拌均匀后倒出。该浆料应随搅随用，在 1h 内用完，严禁人工搅拌。

(3) TH 抗裂砂浆的配置

32.5 级水泥 300kg、石英砂 250kg、胶 140kg，用砂浆搅拌机搅拌后，用手提搅拌器搅拌均匀。配置抗裂砂浆加料次序，应先加入水泥、石英砂、胶搅拌均匀 3min，搅拌均匀 3min 后倒出。抗裂砂浆不得任意加水，应在 1h 内用完。

(4) TH 抗裂柔性腻子的配置

TH 抗裂柔性腻子胶：32.5 级硅酸盐水泥＝1：0.5（质量比）用手提搅拌器搅拌均匀后使用，保证在 1h 内用完。

8.1.4 技术构造

TH 硬泡聚氨酯外墙保温体系施工，由现喷发泡聚氨酯和聚合物砂浆抗裂保护层复合而成，形成无空腔保温层；抗裂防护层增强了面层柔性变形、抗裂及防水性能；饰面做法有涂料做法、面砖做法和干挂石材等做法。该体系适用于各类新建建筑保温工程和既有建筑的节能改造工程。

8.1.5 施工工艺

本项目施工工艺流程如下所示：

基层墙体验收→施工保护措施→复测基层平整度→喷涂 16mm 厚 TH 硬泡聚氨酯保温浆料→保温层验收→抹聚合物砂浆和随即抹压涂塑耐碱玻纤网格布→聚合物防护层验收→刮抗裂柔性耐水腻子→面层装饰层施工与验收。

1. 界面处理

界面拉毛用碌子滚、扫把扫、木抹子拔都可以，但在配合比上应做调整，控制水泥与砂子的比例为 1∶1，合理调整界面剂用量。拉毛不宜太厚，但必须保证所有的混凝土墙面都做到毛面处理。

2. 调垂直、套方、弹控制线、做灰饼

弹出厚度控制线，做厚度灰饼，间隔小于 2m，两灰饼之间拉通线，补充灰饼，使灰饼之间的距离（横、竖、斜向）小于 2m，根据垂直控制通线做垂直方向灰饼。灰饼可用废聚苯板裁成 5cm×5cm 粘贴，用水泥或其他干缩变形小的粘结材料粘结。

3. 抹聚合物抗裂砂浆料

在保温浆料和抗裂砂浆配置时，搅拌需专人专职进行，以保证搅拌时间和加胶水量的准确。在施工现场搅拌质量可以通过观察其可操作性、抗滑坠性、膏料状态以及其湿度、密度等。每次抹灰厚度 2mm 左右。

4. 抹面聚合物砂浆

面层抹灰时，其平整度偏差不应大于 4mm，不能太厚，以 2～3mm 为宜，保温面层抹灰时，抹灰稍厚，而后用杠尺靠平，用抹子局部修补平整；待抹完保温面层后，用抹子再抹墙面，用托线尺检测后达到验收标准。

聚氨酯保温层施工的几个注意事项：

（1）做好成品保护，防止喷涂聚氨酯污染；

（2）在施工喷涂后应清理干净楼地面，做好清扫工作，严禁遗漏。

（3）门窗边框与墙体连接应预留出保温层的厚度，缝隙应分层填塞密实，并做好门窗表面的保护。窗户经验收合格后方可进行聚合物砂浆抹灰施工，抹灰厚度包裹住窗框宜为 10mm，注意保温层到窗框内侧的距离一致。

5. 划分格线、门、窗滴水槽

在施工完成后，根据设计要求弹出滴水槽控制线，用壁纸刀沿线划开设定的凹槽，槽深 15mm 左右，用抗裂砂浆填满凹槽，将滴水槽嵌入凹槽与抗裂砂浆粘结牢固，去除两侧沿口浮浆，滴水槽应镶嵌牢固、水平。

6. 聚合物施工

待聚氨酯保温层施工完成，经施工质量验收合格以后，即可进行聚合物砂浆抗裂层施工。

(1) 耐碱网格布长度不大于 3m，尺寸事先裁好，网格布包边应裁掉。

(2) 抹聚合物砂浆时，厚度应控制在 2～3mm，抹完一定宽度应立即用铁抹子压入另一侧，严禁干搭。阴脚处耐碱网格布要压茬搭接，其宽度≥50mm；阳角处也应压茬搭接，其宽度≥200mm。网格铺贴要平整，无褶皱，砂浆饱满度达到 100%，同时要抹平、找平，保持阴阳角处的方正和垂直度。

(3) 首层墙面应铺贴双层耐碱网格布，第一层应铺贴加强型网格布，铺贴方法与上述方法相同，铺贴加强型网格布时，网布与网布之间采用对接方法，然后进行第二层普通网格布铺贴，铺贴方法如前所述，两层网格布之间抗裂砂浆应饱满，严禁干贴。

(4) 聚合物砂浆抹完后，严禁在此层面上抹普通水泥砂浆腰线、口套线或刮涂刚性腻子，如：水泥腻子、石膏腻子。

(5) 聚合物施工注意事项：

a. 在聚合物施工前，应在窗框与保温层之间放一预制长条薄板。其尺寸为厚 3mm、宽 5mm，待聚合物施工完后取出，留做窗户注胶用。

b. 聚合物的平整度控制首先要求保温层的平整度达到标准，达不到平整质量要求应事先用保温浆料找平；窗角、阴阳角等部位的加强网格布应用 TH 聚合物砂浆贴好，接着连续施工大墙面，掌握先施工细部，后施工整体，整片的耐碱网格布压住分散的加强型耐碱网格布的原则；在耐碱网格布搭接时，应将底层耐碱网格布压入抗裂砂浆，后随即压入聚合物砂浆，后随即压入面层耐碱网格布。施工作业面上应准备一些未拌合的抗裂料，在耐碱网格布无法压入聚合物砂浆时，可用扫把等工具在墙面上抛洒一些聚合物料，使其湿润，并使聚合物砂浆不粘抹子，随抛随抹。

8.4.6　施工质量控制

1. 基层处理

要求墙面清洗干净，无浮土，无油渍、空鼓及松动，风化部分剔掉，界面拉毛均匀，粘结牢靠。

2. TH 聚合物每遍的厚度控制（不大于 3mm）与平整度控制

要求达到设计厚度，无空鼓、无开裂、无脱落，墙面平整，阴阳角、门窗洞孔垂直、方正。

3. 聚合物的厚度控制

抗裂砂浆厚度为 3～4mm，墙面无明显接茬，无明显抹痕，墙面平整，门窗洞口、阴阳角垂直、方正。

8.1.7　应用效果

1. 保温效果

通过对比同类建筑物，冬季在不采暖的条件下，室内平均温度在 10℃左右，比不采用保温技术的建筑物高 5～8℃。冬季采暖条件下，室内温度在 23 摄氏度左右，而同类不采用保温技术的建筑物，室内温度在 18℃左右，保温效果比较明显。

2. 外墙裂缝控制效果

通过近 3 年的观察，外墙裂缝控制较好，墙面无明显裂纹，通过调查物业公司，用户没有反应墙面有渗漏现象。

8.2 泡沫玻璃外墙保温工程应用案例

8.2.1 工程概况

泡沫玻璃自问世以来由于其良好的耐火性能和保温性能在隧道工程、高寒地区铁路工程、建筑工程中得到大量应用，下面介绍的泡沫玻璃保温工程应用案例为甘肃土木工程科学研究院的办公实验综合楼的改造项目。该办公楼包括主楼及配属建筑，总建筑面积 $10118m^2$。其中主楼建于1987年，为8层框架结构，建筑面积 $6804m^2$，高度31.5m，体型系数0.252，窗墙比南向为0.42，北向为0.44。建筑功能主要包括试验、办公、多功能会议厅及配套设施等。

建筑使用二十余年，采暖系统、建筑外围护结构已无法满足建筑节能标准的要求，办公室舒适度较差。因此对建筑整体进行节能改造，主要是建筑本体的节能改造和建设土壤源热泵、太阳能光伏光热等可再生能源系统，其中外墙及屋面保温采用了泡沫玻璃。这里主要介绍外墙泡沫玻璃外保温系统的应用情况。

8.2.2 材料及系统性能

泡沫玻璃基本性能研究表明：泡沫玻璃燃烧性能为A1级，表面粗糙，硬质高强，抗压、抗折强度分别为0.85MPa和0.73MPa，水汽渗透性接近0，体积吸水率0.2%，体积稳定性好，耐腐蚀，密度为160 kg/m^3，其主要物理性能符合《泡沫玻璃建筑节能保温构造》(DBJT 25-112—2008)要求。

表8-7 泡沫玻璃技术指标

项目	标准要求	实测值	备注
密度/kg/m^3	≤160	152	
抗压强度/MPa	≥0.50	0.85	
抗折强度/MPa	≥0.50	0.73	
透湿系数/[ng/(P·s·m)]	≤0.05	0.033	
导热系数/W/(m·K)	≤0.05	0.048	
体积吸水率/%	≤0.50	0.20	
尺寸稳定性	—	无收缩、膨胀或起皱	
热膨胀系数/℃	—	$\leqslant 9\times10^{-6}$	
水汽附着性（相对湿度90%）	—	质量无变化	
燃烧性能	—	完全不燃烧	

常温耐碱性泡沫玻璃保温体系具有较强的耐碱性。泡沫玻璃在碱液环境中不会产生新的物质，而且通过拉伸试验发现，经高浓度碱液浸泡过的泡沫玻璃保温体系，专用抹面、粘结砂浆与泡沫玻璃的拉伸粘结强度分别增加了7%和25%。其他基本性能如表8-8所示。

表 8-8　泡沫玻璃保温系统的基本性能

检验项目		指标	实测值
吸水量，g/m²，浸水 24h		≤500	458.3
抗冲击强度，N·S	普通型（P 型）	≥3.0	无破坏，符合
	加强型（Q 型）	≥10.0	冲击 10 点，2 点破坏，符合
抗风压		不小于工程项目设计的风荷设计值	—
耐冻融		表面无裂纹、空鼓、起泡、剥离现象	表面无裂纹、空鼓、起泡、剥离等现象
水蒸气湿流密度，g/（m²·h）		≥0.85	符合
不透水性		试样防护层内侧无水渗透	无水渗透
耐候性		表面无裂纹、粉化、剥离现象	表面无裂缝、起泡或脱皮，窗无损坏及系统表面不与裂缝相连

两种比较有代表性的外墙墙体构造（砌体分别为烧结空心砌块和加气混凝土砌块）方式的理论传热系数及测试结果如表 8-9 和表 8-10 所示。

表 8-9　基层为烧结空心砌块的外保温墙体的传热系数

材料名称	厚度 mm	干密度 kg/m³	导热系数 W/（m·K）	蓄热系数 W/（m·K）	总传热系数 W/（m²·K）	
					理论计算值	现场测试值
抹面砂浆	3	1800	0.93	11.37	0.53	0.58
玻纤网	—	—	—	—		
泡沫玻璃	50	160	0.05	0.072		
粘结砂浆	4	1800	0.93	11.37		
水泥砂浆	20	1800	0.93	11.37		
烧结空心砌块	290	900	0.39	7.92		
水泥砂浆	20	1800	0.93	11.37		

表 8-10　基层为加气混凝土砌块的外保温系统传热系数

材料名称	厚度 mm	干密度 kg/m³	导热系数 W/（m·K）	蓄热系数 W/（m·K）	总传热系数 W/（m²·K）	
					理论计算值	现场测试值
抹面砂浆	3	1800	0.93	11.37	0.44	0.50
玻纤网	—	—	—	—		
泡沫玻璃	50	160	0.05	0.072		
粘结砂浆	4	1800	0.93	11.37		
水泥砂浆	20	1800	0.93	11.37		
加气混凝土砌块	300	700	0.22	3.56		
水泥砂浆	20	1800	0.93	11.37		

8.2.3 施工工艺

泡沫玻璃外墙外保温薄抹灰系统由泡沫玻璃专用粘结砂浆、耐碱玻璃纤维网格布、泡沫玻璃、泡沫玻璃专用抹面砂浆、饰面涂层、锚栓构成，其基本构造如图 8-1 所示。

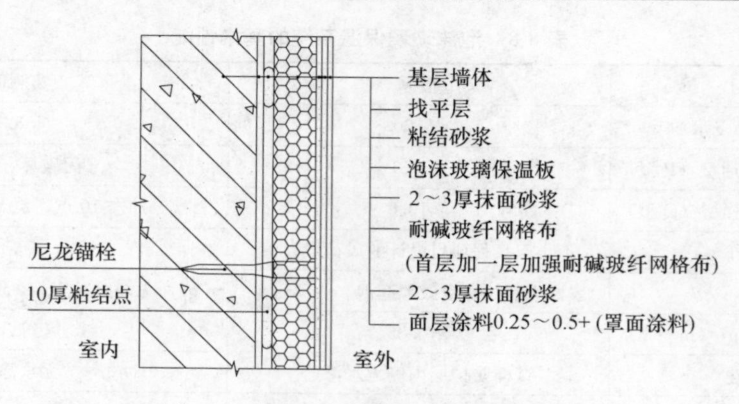

图 8-1　泡沫玻璃外墙外保温构造示意图

（1）专用粘结砂浆

专用粘结砂浆性能符合《泡沫玻璃建筑节能保温构造》（DBJT 25-112—2008）标准要求。

（2）耐碱玻璃纤维网格布

将耐碱玻璃纤维网格布埋入专用抹面砂浆中形成薄抹灰增强防护层，以提高防护层的机械强度和抗裂性，其基本性能符合《泡沫玻璃建筑节能保温构造》（DBJT 25-112—2008）标准要求。

（3）专用抗裂抹面砂浆

专用抗裂抹面砂浆由弹性高分子乳液和其他材料配制而成，用于内、外墙体饰面涂料底层的找平、修补，且能够满足变形要求，其性能指标符合《泡沫玻璃建筑节能保温构造》（DBJT 25-112—2008）标准要求。

（4）柔性腻子

柔性腻子由弹性高分子乳液和其他材料配制而成，用于内、外墙体饰面涂料底层的找平、修补，且能够满足变形要求，其性能指标符合《泡沫玻璃建筑节能保温构造》（DBJT 25-112—2008）标准要求。

（5）锚固件

该工程采用尼龙敲击式锚栓，由带圆盘的尼龙膨胀套管和 $\phi=3\sim5$mm，$L=60\sim120$mm 的长尼龙敲击钉组成。采用的尼龙圆盘直径大于 50mm，锚栓的最小有效锚固深度大于 25mm，单个锚栓的抗拉承载力标准值皆大于 0.30 kN。

（6）泡沫玻璃外保温的安全性试验

表 8-11　泡沫玻璃与基层的粘结强度

项目	1#	2#	3#	4#	5#	6#	平均值
粘结强度/MPa	0.156	0.138	0.143	0.137	0.160	0.144	0.146
破坏状态	破坏界面均在泡沫玻璃保温板上						

泡沫玻璃不仅自身的强度较高，而且与专用粘结砂浆有很好的粘结效果，从试样的破坏状态可以看出，断面均出现在泡沫玻璃上，即使泡沫玻璃被拉坏也不会有脱胶现象，由表 8-11 可知，试样的粘结强度均达到规范的要求，故将泡沫玻璃作为外墙保温的安全性可以得到保证。

施工完成后建筑整体外观如图 8-2、图 8-3 所示。

图 8-2　泡沫玻璃施工断面

图 8-3　完工后建筑整体外观

8.2.4　应用效果

2009 年在甘肃土木工程科学研究院建筑节能改造示范项目中应用了厚度为 50mm 的泡沫玻璃保温系统。根据相关标准，采用热流计法现场测试应用泡沫玻璃外墙保温系统节能改造前后外墙的传热系数，以此来评价不同部位墙体改造前后的节能效果，表 8-12 为墙体改造前后的传热系数。

表 8-12　改造前后墙体的传热系数　（单位：W/（m^2・K））

墙体部位	基层墙体		检测部位 1				检测部位 2			
			1	2	3	4	1	2	3	4
外墙	烧结空心砌块	改造前	3.12	3.16	3.04	2.94	3.22	3.11	2.87	2.98
		改造后	0.53	0.55	0.61	0.61	0.61	0.60	0.58	0.59
	加气混凝土砌块	改造前	2.87	2.62	2.98	2.86	3.10	2.55	2.67	2.56
		改造后	0.43	0.48	0.49	0.51	0.52	0.51	0.49	0.53
山墙	加气混凝土砌块	改造前	2.60	2.44	2.30	2.36	2.70	2.42	2.28	2.60
		改造后	0.45	0.52	0.51	0.43	0.41	0.47	0.48	0.46

经粘贴泡沫玻璃外保温后的外墙保温效果提升相当明显，在此次墙体节能改造中，墙体节能率较 20 世纪 80 年代的基准建筑墙体的设计值提高了 80%以上。

由此可见，将泡沫玻璃保温材料用在寒冷地区公共建筑墙体外墙外保温体系中可以达到相关标准中外墙热工性能要求，即在保证相同的室内环境参数条件下，与未采取节能措施相比，采用 50mm 厚的泡沫玻璃外墙外保温系统的墙体，满足 65%节能设计标准的要求。

该建筑物被评为绿色建筑设计标识二星级。

8.3　膨胀玻化微珠砂浆外墙保温工程应用案例

膨胀珍珠岩是我国较早使用的保温材料，也为大家熟知，用途广泛。膨胀玻化微珠可以看做是膨胀珍珠岩的升级产品，颗粒具有更好的形貌和表面状态，导热系数也更低。以膨胀玻化微珠作为骨料掺加其他纤维、胶粘剂等组分配制的保温砂浆就是膨胀玻化微珠保温砂浆，近年来在建筑工程上得到大量应用，尤其是上海胶州路教师公寓特大火灾后，出现了供不应求的局面。膨胀玻化微珠保温砂浆是无定型保温材料，可以附着在墙体里面或外面形成内保温系统或外保温系统，尤其是对异型围护结构的保温有独到的优势。下面介绍膨胀玻化微珠保温砂浆外墙保温系统的节点和林东、刘新玉研究膨胀玻化微珠保温砂浆内保温、外保温系统的应用情况。

8.3.1 保温系统节点处理措施

膨胀玻化微珠保温砂浆用于外墙主要有两种方式：内保温系统和外保温系统。下面是主要构造和洞口处理措施。见图 8-4～图 8-9。

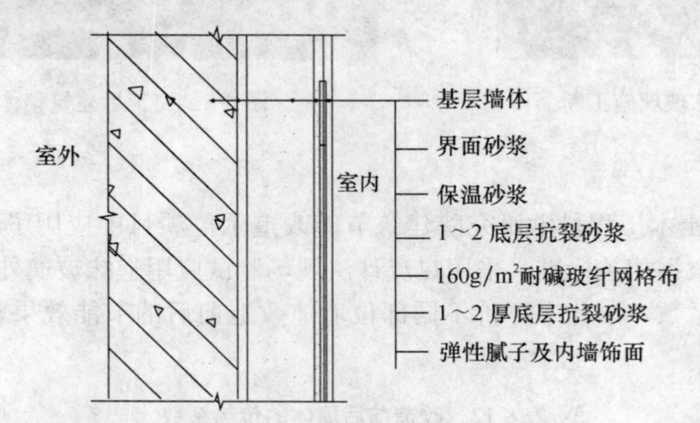

图 8-4 外墙内保温构造（涂料饰面）

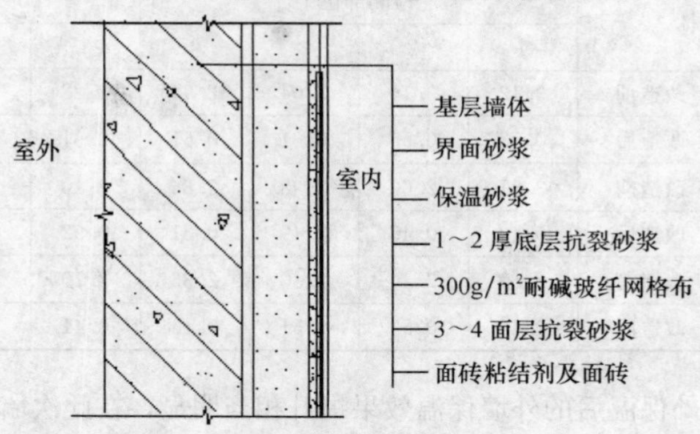

图 8-5 外墙内保温构造（瓷砖饰面）

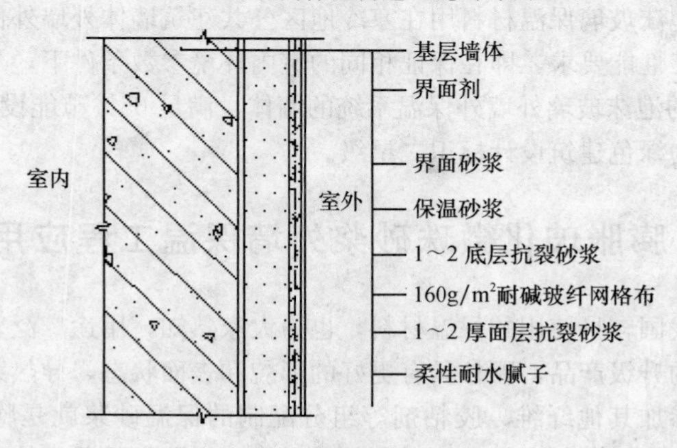

图 8-6 外保温系统（涂料饰面）

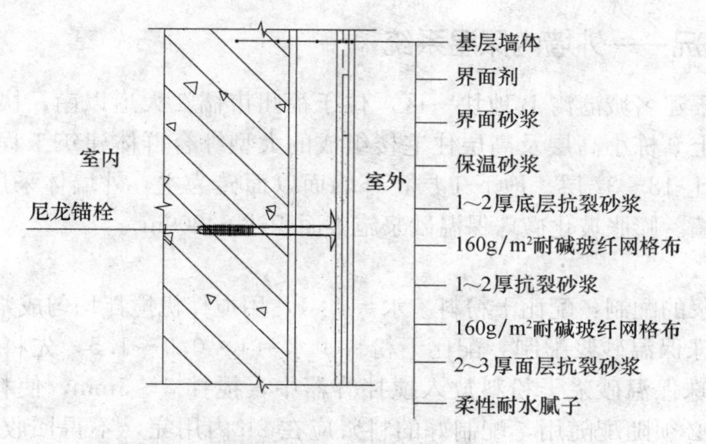

图 8-7　外保温系统（抗冲击涂料饰面）

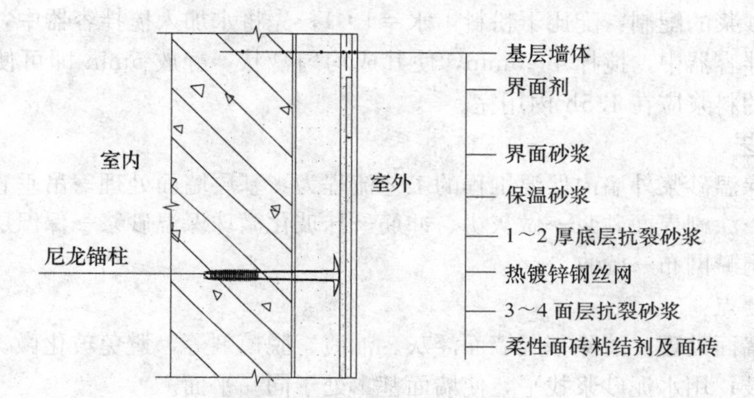

图 8-8　外保温系统（面砖饰面）

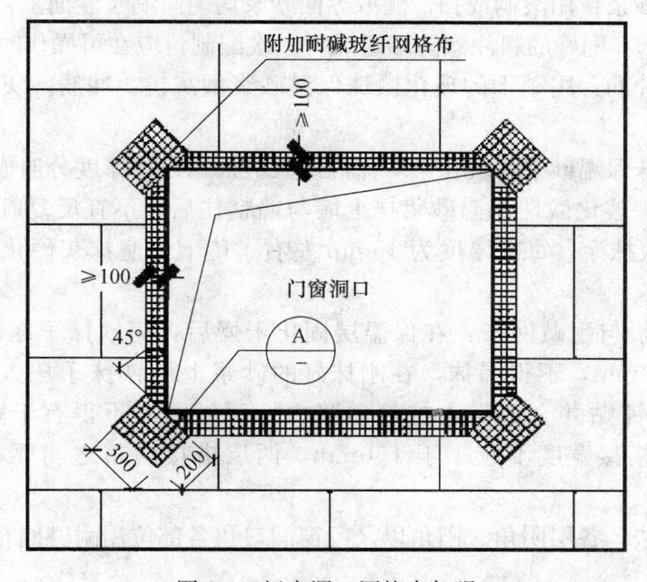

图 8-9　门窗洞口网格布加强

8.3.2 工程概况——外墙内保温系统

工程名称为福建名城港湾B地块一区，位于福州市儒江大道以南，快安大道以西。是由地下车库和地上9栋小高层及高层住宅楼组成的大型综合群体建筑工程，总建筑面积为211394.5m²，地上18～37层、地下1层，外墙面以面砖为主，外墙体采用190mm厚保温隔热烧结空心砖墙。膨胀玻化微珠保温砂浆施工面积达63209m²。

1. 材料制备

（1）界面砂浆的配制：配比干粉料：水＝4：1，用搅拌机搅拌均匀成浆状。

（2）玻化微珠保温砂浆配制：配比干粉料：水＝1：0.9～1.5，先将水加入搅拌容器中，再将玻化微珠保温砂浆干粉料放入搅拌容器中，搅拌3～5min，使料浆成均匀膏状，即可使用。浆料必须随配随用，配制好的料浆应在2h内用完，不得回收落地料再二次加水使用。

（3）抗裂砂浆的配制：配比干粉料：水＝4：1，先将水加入搅拌容器中，再将抗裂砂浆干粉料倒入搅拌容器中，搅拌4～5min，使其成均匀膏状，静放5min即可使用。料浆随配随用，配制好的料浆应在1.5h内用完。

2. 施工工艺

玻化微珠保温砂浆外墙内保温工程的工艺流程为：基层墙面处理→吊垂直、套方、弹抹灰厚度控制线→涂刷界面砂浆→做灰饼、冲筋→抹玻化微珠保温砂浆→保温层验收→抹抗裂砂浆同时压入耐碱网布→验收。

主要施工要点：

（1）基层墙面处理：清除基层墙面浮灰、油渍、脱模剂等，避免玻化微珠无机保温砂浆刮涂后形成空鼓；用水泥砂浆找平，使墙面基本处于同一平面。

（2）吊垂直、套方、弹抹灰厚度控制线：根据保温层设计厚度要求弹出抹灰控制线。

（3）涂刷界面砂浆：用滚刷或扫帚蘸取界面砂浆均匀涂刷于墙面上，不得漏刮，拉毛不宜太厚，为1～2mm。配好的料注意防晒避风，一次配制量应在可操作时间内用完。

（4）做灰饼、冲筋：用稍干的玻化微珠保温砂浆做灰饼、冲筋。灰饼之间的距离不超过2m。

（5）抹玻化微珠保温砂浆：玻化微珠保温砂浆应根据设计厚度分遍成活，分层抹灰时间间隔应在12h以上。玻化微珠保温砂浆抹上墙与墙粘住后，不宜反复赶压。抹灰总厚度为30mm时，应分两次抹涂，每次厚度为15mm左右。待上一遍抹灰硬化后即可进行下一遍抹灰。

（6）抹抗裂砂浆与耐碱网布：在保温层固化干燥后，用铁抹子在保温层上抹抗裂砂浆，厚度要求2～3mm，不得漏抹，在刚抹好的砂浆上用铁抹子压入裁好的耐碱网布，要求耐碱网布竖向铺贴并全部压入抗裂砂浆内。耐碱网布不得有干贴现象，粘贴饱满度应达到100％，搭接宽度不应小于100mm，两层搭接网布之间要布满抗裂砂浆，严禁干茬搭接。

（7）加强层做法：各层阴角、阳角以及门窗洞口角各部位用耐碱网布搭接增强。

8.3.3 工程概况——外墙外保温系统

工程名称为东莞御花苑二期2～4区住宅，位于东莞市新区东莞大道旁，是综合性商住建筑群体，由半地下室车库和地上 7 栋多层小高层、4 栋高层住宅组成。总用地面积 41421m²，建筑占地面积 10382.39m²，总建筑面积为 122411.93m²。膨胀玻化微珠保温砂浆施工面积 113550m²，外墙面以涂料为主，首层为面砖。

1. 材料制备

膨胀玻化微珠保温干混砂浆技术性能如表 8-13 所示。将干混砂浆与水按 1∶1.2 的比例用强制式搅拌机搅拌混合 3～5min，拌和成均匀的料浆（中途不得二次加水）。

表 8-13　膨胀玻化微珠砂浆主要技术指标

项目	技术指标
干密度	301～400kg/m³
抗压强度	≥0.4MPa
导热系数（平均 25℃）	≤0.085W/（m·k）
线收缩系数	≤0.3%
压剪粘结强度	≥50kPa
燃烧性能级别	符合《建筑材料及制品燃烧性能分级》（GB 8624）规定的 A 级要求

2. 施工工艺

（1）施工工序

玻化微珠保温砂浆外墙外保温工程的工艺流程为：基层墙面清理→刷界面剂挂钢丝网→做灰饼、冲筋→抹玻化微珠保温砂浆→保温层验收→防水抗裂胶浆涂抹同时压入耐碱网格布→切分隔缝→刷聚合物防水涂料→刷饰面涂料→勾缝→验收。

外墙外保温施工工序与内保温施工工艺基本相同。与内保温相比，由于外保温系统直接接触室外大气环境，还有外墙特殊要求的饰面效果，因此耐候性和安全性是主要考虑的因素，反映在施工工序和施工管理上主要是外墙防水处理、防止脱落的加强工序。

清除灰尘、污垢、油渍、钢丝刷毛、找平等基层处理方法与内保温相同。做灰饼、冲筋与内保温基本相同。

保温砂浆抹灰层施工时应分层进行，第一层 24h 干固后再进行下一层施工，要均匀平整。每层抹灰层厚度以 10～15mm 为宜，直至达到设计要求的厚度，然后自然养护 3～7d 即可进行防水抗裂层施工。

外墙饰面层一般有两种：涂料饰面和面砖饰面。根据饰面层不同，防水抗裂层做法也不同：刷防水抗裂胶浆一遍同时挂耐碱纤维网格布（涂料饰面）或热镀锌钢丝网（面砖饰面），再抹防水抗裂胶浆一遍，施工后及时浇水养护，7d 后进行水泥基聚合物防水涂料膜施工。

（2）节点处理

钢丝网宜从顶层阳角处开始铺设，固定时用冲击钻钻孔，孔呈梅花状布置，膨胀钉锚固于基层的深度不小于 25mm，每平方米的锚固点不少于 6 个（适用于面砖饰面的保温层）。

保温砂浆和水泥交接处采用防水抗裂抹面胶浆耐碱纤维网格布（或热镀锌钢丝网）与水泥砂浆进行搭接的措施，其中耐碱网格布的搭接长度不小于 300mm，热镀锌钢丝网的搭接长度不小于 100mm，阴阳角、门窗边护角采用同样的做法。

耐碱网格布严禁干搭，应平整无褶皱，饱满度达 100%。

切分隔缝，待保温砂浆层施工完毕并达到强度，按设计要求的位置及宽度用切割机切割，直至墙基位置，切割时应保持线条顺直、深浅一致，然后用水泥基聚合物防水砂浆刷入分隔缝内。

当外墙保温层厚度超过 30mm 时，抗裂层均采用热镀锌钢丝网铺设。

东莞御花苑 2～4 区工程是广东省可再生能源应用示范项目，至今外墙未出现开裂、渗漏、阴阳角损坏等现象。

8.4 岩棉外墙保温工程应用案例

岩棉是玄武岩、辉绿岩等自然矿物熔制而成的，主要组分是无机材料，因此其防火性能在行业内得到公认，尤其是防火要求严格的建筑物和相关场合，几乎变成首选材料或系统。下面介绍的案例是李秋蓉、董文研究的南京江宁万达广场应用岩棉保温的情况。

8.4.1 工程概况

南京江宁万达广场位于南京市江宁区，由东西两个地块组成，规划用地面积 10.11 公顷，项目总建筑面积约 53.41 万 m^2，其中地上 41.7 万 m^2，地下 11.71 万 m^2。

8.4.2 材料及系统性能

该工程选用岩棉板外墙外保温系统，采用设计厚度 40mm 的岩棉板作为保温层，岩棉的性能指标和保温系统的性能指标如表 8-14、表 8-15 所示。

表 8-14 岩棉保温板性能指标

项目	性能指标	试验方法
干密度，kg/m^3	≥140	GB/T 5480
厚度，mm	≥40	GB/T 5480
导热系数，W/（m·K）	≤0.040	GB/T 10294
垂直于板面的抗拉强度，kPa	≥10	JG 149
渣球（≥0.25）含量，%	≤7	—
酸度系数	≥1.8	GB/T 5480
憎水率，%	≥98	GB/T 10299
压缩强度，kPa	≥40	GB/T 13480
吸水量（部分浸入，24h），kg/m^2	≤0.5	GB/T 25975
吸水量（部分浸入，28h），kg/m^2	≤1.5	
质量吸湿率，%	≤1.0	GB/T 5480
尺寸稳定性，%	长、宽、厚≤1.0	GB/T 8811
燃烧性能级别	A 级	GB 8624

表 8-15　岩棉保温系统的性能指标

项目	性能指标
吸水量，g/m³	≤1000
抗冲击性，J	≥10 加强型（建筑物首层墙面等易受碰撞部位）
	≥3 普通型（二层以上墙面等不易受碰撞部位）
抗风压值，Pa	不小于工程项目的风荷载设计值，抗风压安全系数应不小于 1.5
耐冻融	30 次循环后护面层表面无裂纹、空鼓、气泡、龟裂、剥离现象
水蒸气透过湿流密度，g/（m²·b）	≥1.67
不透水性	2h 不透水（试样抹面层内侧无水渗透）
耐候性	不得出现饰面层起泡或剥落、保护层空鼓或脱落等破坏现象，不得产生渗水裂缝

8.4.3　施工工艺

1. 保温层构造

该工程选用岩棉板薄抹灰外墙外保温系统，粘锚结合工艺——运用胶粘剂粘贴和锚栓固定相结合的方式与基层墙体连接固定，抹面层由抹面胶浆和双层增强用玻纤网格布复合组成，饰面层为装饰砂浆饰面层或涂料。具体的施工构造如图 8-10 所示。

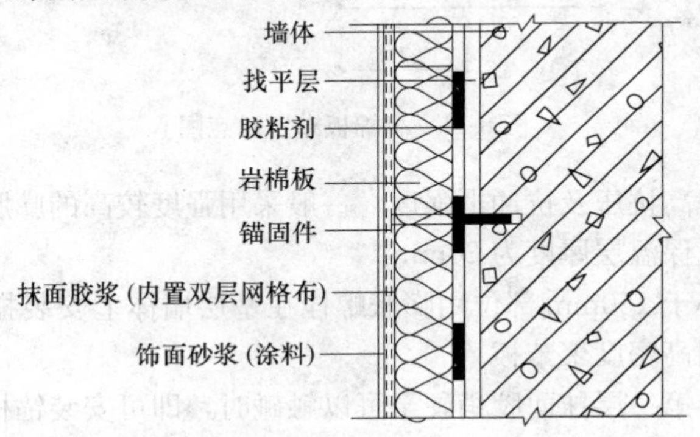

图 8-10　薄抹灰岩棉外墙外保温系统构造示意图

2. 施工工艺流程

基层墙面找平层验收合格→挂基准线、安装底座托架→岩棉板粘贴面界面处理→粘贴岩棉板→岩棉板抹灰界面处理→第一道均匀抹面且埋置网格布（锚固件穿过网格布）→第二道抹面铺平埋置第二道网格布→第三道抹面抹平且修理平整→外饰面层施工→保温系统工程验收。

3. 施工要点

（1）基层处理及放线。基层墙面应清理干净，检查找平层是否符合要求，基层验收合格后方可进行施工。弹线控制，根据要求，在墙面弹出外门窗水平、垂直控制线及伸缩缝、装饰缝线等。挂基准线，以控制岩棉板的垂直度和平整度。

（2）岩棉板表面处理。本项目选用岩棉板标准尺寸为 600mm×1200mm，在使用胶粘剂粘贴保温板前，为了提高岩棉板在系统中与水泥砂浆的粘结强度，须在岩棉板上先做一道表面处理层。具体做法是：在岩棉板的外表面涂抹一层厚薄适度的胶粘剂（厚度约为这层砂浆的施工厚度，必须用不锈钢的平整刮刀用力抹平，使胶浆能嵌入岩棉板的纤维丝中）。

(3) 胶浆粘贴。粘贴岩棉时，按要求配置好专用胶粘剂，胶粘剂应涂在岩棉背面，胶粘剂在岩棉板粘贴面上的布胶可采用点框法或条粘法。在施工过程中用的砂浆、胶粘剂在施工结束后都会逐渐硬化排除多余的水分，如果排水不利后期可能会造成保温层整体空鼓翘起，严重的还会造成脱落。为了加强保温层施工结束后的排湿，建议采用条粘法工艺。

布好胶的岩棉板立即粘贴到墙面上，动作迅速，以防胶料结皮而影响粘结效果。根据施工进度配制和控制胶粘剂质量——胶粘剂胶浆均匀、状态良好、稠度适宜。

(4) 托架固定。高度在60m以上墙面，每6m设置托架，托架采用金属托架，用膨胀螺栓与基墙固定。

(5) 岩棉板布置。保温板的排列原则：外墙大面积铺板必须水平同缝，垂直面要错缝排列。转角处岩棉板交错咬合布置，如图8-11所示。

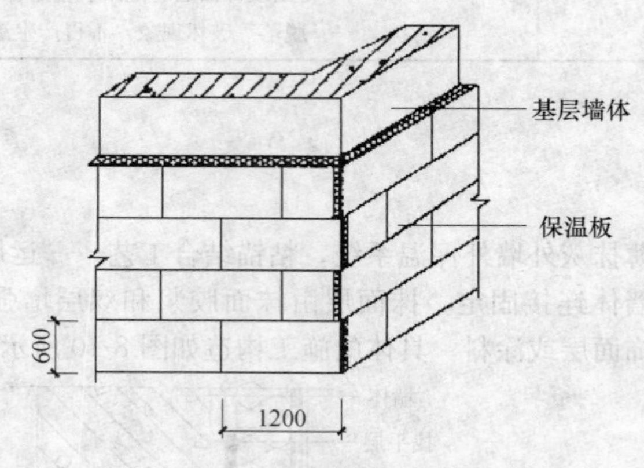

图8-11　岩棉板布置示意图

门窗洞口侧边为提高抗压及抗冲击强度，一般采用强度较高的膨胀玻化微珠无机保温砂浆代替岩棉板做保温，保温层厚度为20mm。

在散水坡以上不小于150mm部位用膨胀螺栓在基层墙体上安装托架，托架之上粘贴岩棉板，托架之下宜采用高密度聚苯板。

(6) 锚栓安装。待第一层抹面胶稍硬至可以触碰时，即可安装锚栓。锚栓安装完成后即可进行第二道抹面胶浆的施工。

8.4.4 应用效果

该工程造型丰富，许多部位属于异型外立面，因此有一定的施工难度，如图8-12所示。

图8-12　江宁万达广场效果图

参考文献

[1] 王永亮，何忠茂，乔宏霞等．泡沫玻璃外墙外保温体系的性能研究［J］．新型建筑材料，2011（7）．
[2] 李秋蓉，董文．南京江宁万达广场外墙岩棉保温工程设计与施工［J］．建设科技，2015（6）．
[3] 林东．膨胀玻化微珠保温砂浆在外墙内保温工程中的应用［J］．福建建材，2011（3）．
[4] 刘新玉．东莞御花苑工程外墙外保温砂浆施工技术［J］．建筑施工，2009（9）．
[5] 孙进磊．外墙外保温技术的发展及应用研究［D］．天津：天津大学，2008（5）．
[6] 甘肃省建材科研设计院．膨胀玻化微珠保温砂浆建筑构造图集（DBJT25-136—2012）．

附录A 中国建筑气候分区指标

附录A 建筑热工设计分区指标及节能设计要求

分区名称	分区指标		设计要求
	主要指标	辅助指标	
严寒地区	最冷月平均温度≤－10℃	日平均温度≤5℃的天数≥145d	必须充分满足冬季保温要求，一般可不考虑夏季防热
寒冷地区	最冷月平均温度0～-10℃	日平均温度≤5℃的天数90～145d	应满足冬季保温要求，部分地区兼顾夏季防热
夏热冬冷地区	最冷月平均温度0～－10℃，最热月平均温度25～30℃	日平均温度≤5℃的天数0～90d，日平均温度≥25℃天数40～110d	必须满足夏季防热要求，兼顾冬季保温
夏热冬暖地区	最冷月平均温度＞10℃，最热月平均温度25～29℃	日平均温度≥25℃天数100～200d	必须充分满足夏季防热要求，一般可不考虑冬季保温
温和地区	最冷月平均温度0～13℃，最热月平均温度18～25℃	日平均温度≤5℃的天数0～90d	部分地区应考虑冬季保温，一般可不考虑夏季防热

附录 B　中国建筑气候区划图

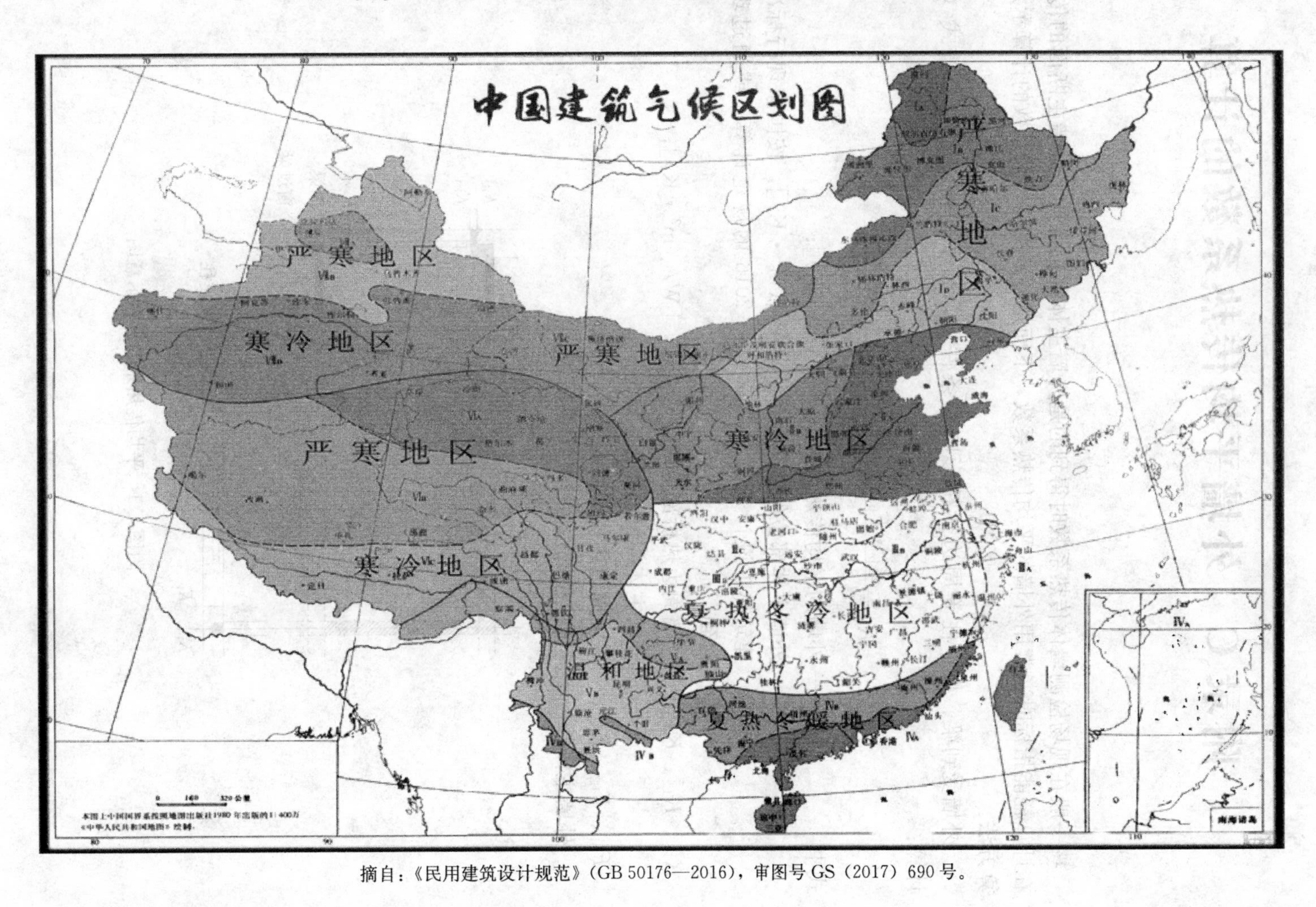

摘自：《民用建筑设计规范》(GB 50176—2016)，审图号 GS（2017）690 号。

附录C　外墙平均传热系数的计算

一般在现场检测墙体传热系数时得到的是外墙主体部位也就是外墙主断面的传热系数，在计算耗能指标时通常用外墙的平均传热系数，下面是外墙平均传热系数的计算示意图和计算方法。

外墙受到梁、板、柱等周边热桥影响的条件下，其平均传热系数应按式（附 C-1）计算：

$$K_m = \frac{K_p \cdot F_p + K_{B1} F_{B1} + K_{B2} \cdot F_{B2} + K_{B3} \cdot F_{B3}}{F_P + F_{B1} + F_{B2} + F_{B3}} \quad (附 C-1)$$

式中　K_m——外墙的平均传热系数，[W/（$m^2 \cdot K$）]；

K_P——外墙主体部位的传热系数，[W/（$m^2 \cdot K$）]，按国家现行标准《民用建筑热工设计规范》GB50176—2016 的规定计算，或通过现场检测得到；

K_{B1}、K_{B2}、K_{B3}——外墙周边热桥部位的传热系数，[W/（$m^2 \cdot K$）]；

F_P——外墙主体部位的面积，m^2；

F_{B1}、F_{B2}、F_{B3}——外墙周边热桥部位的面积，m^2。

外墙主体部位和周边热桥部位如附图 C-1 所示。

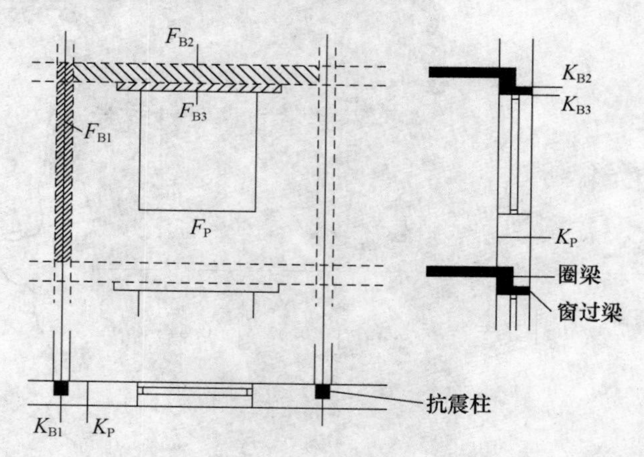

附图 C-1　平均传热系数计算示意图

附录 D　围护结构传热系数的修正系数 ε_i 值

附表 D-1　围护结构传热系数的修正系数 ε_i 值

地区	窗户（包括阳台门上部）					外墙（包括阳台门下部）			屋顶
	类型	有无阳台	南	东、西	北	南	东、西	北	水平
西安	单层窗	有	0.69	0.80	0.86	0.79	0.88	0.91	0.94
		无	0.52	0.69	0.78				
	双玻窗及双层窗	有	0.60	0.76	0.84				
		无	0.28	0.60	0.73				
北京	单层窗	有	0.57	0.78	0.88	0.70	0.86	0.92	0.91
		无	0.34	0.66	0.81				
	双玻窗及双层窗	有	0.50	0.74	0.86				
		无	0.18	0.57	0.76				
兰州	单层窗	有	0.71	0.82	0.87	0.79	0.88	0.92	0.93
		无	0.54	0.71	0.80				
	双玻窗及双层窗	有	0.66	0.78	0.85				
		无	0.43	0.64	0.75				
沈阳	双玻窗及双层窗	有	0.64	0.81	0.90	0.78	0.89	0.94	0.95
		无	0.39	0.69	0.83				
呼和浩特	双玻窗及双层窗	有	0.55	0.76	0.88	0.73	0.86	0.93	0.89
		无	0.25	0.60	0.80				
乌鲁木齐	双玻窗及双层窗	有	0.60	0.75	0.92	0.76	0.85	0.95	0.95
		无	0.34	0.59	0.86				
长春	双玻窗及双层窗	有	0.62	0.81	0.91	0.77	0.89	0.95	0.92
		无	0.36	0.68	0.84				
	三玻窗及单层窗＋双玻窗	有	0.60	0.79	0.90				
		无	0.34	0.66	0.84				
哈尔滨	双玻窗及双层窗	有	0.67	0.83	0.91	0.80	0.90	0.95	0.96
		无	0.45	0.71	0.85				
	三玻窗及单层窗＋双玻窗	有	0.65	0.82	0.90				
		无	0.43	0.70	0.84				

注：1. 阳台门上部透明部分的 ε_i 按同朝向窗户采用；阳台门下部不透明部分的 ε_i 按同朝向外墙采用。

2. 不采暖楼梯间隔墙和户门，以及不采暖地下室上面的楼板的 ε_i 应以温差修正系数 n 代替。温差修正系数 n 的取值见《民用建筑节能设计手册》第三章第五节表 3.5.1。

3. 接触土壤的地面，取$\varepsilon_i=1$。

4. 封闭阳台内的窗户和阳台门上部按双层窗考虑。封闭阳台门内的外墙和阳台门下部：南向阳台取$\varepsilon_i=0.5$；北向阳台，取$\varepsilon_i=0.9$；东、西向阳台，取$\varepsilon_i=0.7$；其他朝向阳台按就近朝向采用。

5. 表中已有的 8 个地区可以按表直接采用；其他地区可根据采暖期室外平均温度就近采用。必要时，也可按《民用建筑节能设计手册》第三章第五节的方法进行计算。

6. 南、北、东、西 4 个朝向和水平面，可按《民用建筑节能设计手册》附表 3-1 直接采用。东南和西南向可按南向采用，东北和西北向可按北向采用。其他朝向可按就近朝向采用。必要时，可根据不同朝向的太阳辐射照度并按《民用建筑节能设计手册》第三章第五节的方法进行计算。